污染防治基础

WURAN FANGZHI JICHU

主　编／能子礼超

副主编／刘盛余

 四川大学出版社

项目策划：毕　潜
责任编辑：毕　潜
责任校对：周维彬
封面设计：墨创文化
责任印制：王　炜

图书在版编目（CIP）数据

污染防治基础 / 能子礼超主编．— 成都 ：四川大
学出版社，2020.8
ISBN 978-7-5690-3572-8

Ⅰ．①污…　Ⅱ．①能…　Ⅲ．①污染防治－高等学校－
教材　Ⅳ．① X5

中国版本图书馆 CIP 数据核字（2020）第 146710 号

书名　污染防治基础

主　　编	能子礼超
出　　版	四川大学出版社
地　　址	成都市一环路南一段 24 号（610065）
发　　行	四川大学出版社
书　　号	ISBN 978-7-5690-3572-8
印前制作	成都完美科技有限责任公司
印　　刷	成都市新都华兴印务有限公司
成品尺寸	185mm×260mm
印　　张	12.5
字　　数	289 千字
版　　次	2021 年 3 月第 1 版
印　　次	2021 年 3 月第 1 次印刷
定　　价	49.00 元

◆ 读者邮购本书，请与本社发行科联系。
　　电话：(028)85408408/(028)85401670/
　　(028)86408023　邮政编码：610065
◆ 本社图书如有印装质量问题，请寄回出版社调换。
◆ 网址：http://press.scu.edu.cn

四川大学出版社
微信公众号

前　言

　　环境是指影响人类生存和发展的各种天然的和经过人工改造的自然因素的总体，包括大气、水、海洋、土地、矿藏、森林、草原、湿地、野生生物、自然遗迹、人文遗迹、自然保护区、风景名胜区、城市和乡村等。环境保护是指人类为解决现实或潜在的环境问题，协调人类与环境的关系，保护人类的生存环境，保障经济社会的可持续发展而采取的各种行动的总称。人类可持续发展是指既能满足当代人的需要，又不对后代人满足其需要的能力构成危害的发展。

　　污染防治工作在实现环境保护和可持续发展过程中发挥着十分重要的作用。环境科学与工程学科人才培养中重视"大气污染控制工程""水污染控制工程""环境工程原理""环境工程设计""固体废物处理与处置""环境化学""微生物学""环境监测""环境修复理论与技术"等课程，学生获得了大量的环境保护技术知识，但在实践中的表现有所不足，其问题在于掌握了技术，但尚未掌握治理对象的产排污规律。针对这一现象，为更好地提升环境科学与工程学科人才培养质量，编写了本教材。

　　本教材力求做到由简至难，使得复杂问题简单化，帮助学生树立关注生产过程产排污规律和污染治理技术的应用的思想，培养学生找出问题、分析问题、解决问题、绩效评价的能力。本教材共5章，内容包括制造业污染防治基础、采矿业污染防治基础、公共设施污染防治基础、农林牧业污染防治基础和能源供应污染防治基础，在编写的过程中做到了循序渐进、重点突出。

　　本教材由能子礼超负责统稿，其中第一章第二节、第三章第一节、第五章第三节由刘盛余编写，其余章节由能子礼超编写。

　　由于编写时间紧，编者水平有限，书中难免会有疏漏。在教材使用过程中，如有不妥之处，敬请广大读者批评指正。

编　者

2020年8月

目　录

1

第一章　制造业污染防治基础

第一节　酱油、食醋和豆瓣酱生产污染防治

酱油、食醋和豆瓣酱是生活的必需品，被人们所熟知，但是大家对其生产工艺及污染物产排情况并不一定了解。本节介绍酱油、食醋和豆瓣酱的生产工艺过程及污染物产排情况，并以年产酱油、食醋和豆瓣酱各 10000 吨的生产能力进行数值模拟计算。

一、生产工艺过程

（一）酱油生产线

酱油生产的基本原理是通过接种米曲霉在原料（豆粕、麸皮、小麦）上生长繁殖，在发酵时，利用米曲霉分泌的蛋白酶水解蛋白质为氨基酸而形成酱油的味，分泌的淀粉酶水解淀粉为糖分以增加甜味，分泌的谷氨酰胺酶水解谷氨酰胺为谷氨酸以增加鲜味。整个生产工艺流程分为蒸煮工段、制曲工段、发酵工段、淋油工段、后处理工段和灌装工段六大部分。酱油生产线工艺流程及产污位置如图 1—1 所示。酱油生产线物料平衡如图 1—2 所示。

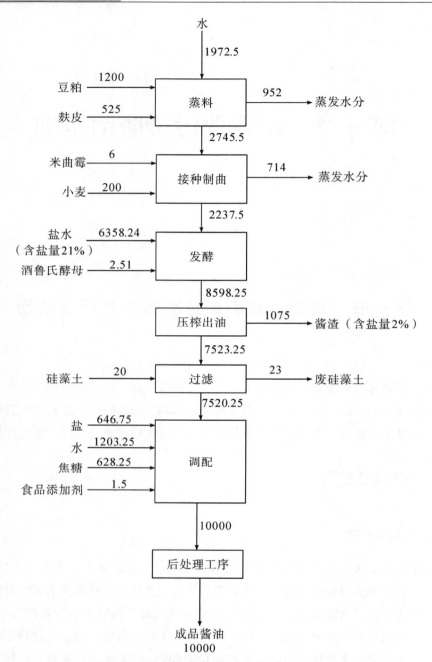

图 1—1　酱油生产线工艺流程及产污位置（单位：t/a）

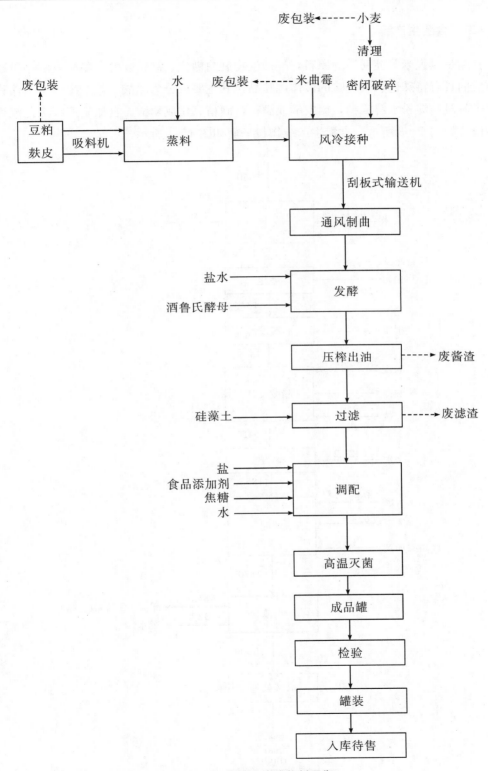

图 1-2 酱油生产线物料平衡

（二）食醋生产线

食醋是以大米等淀粉质为原料，经微生物制曲糖化、酒精发酵和醋酸发酵等阶段酿制而成的具有特殊色、香、味的液体调味品，其主要成分为醋酸。整个生产工艺流程分为三个阶段：淀粉水解成糖，糖发酵成酒精，酒精氧化成醋酸。食醋生产线工艺流程及产污位置如图 1−3 所示。食醋生产线物料平衡如图 1−4 所示。

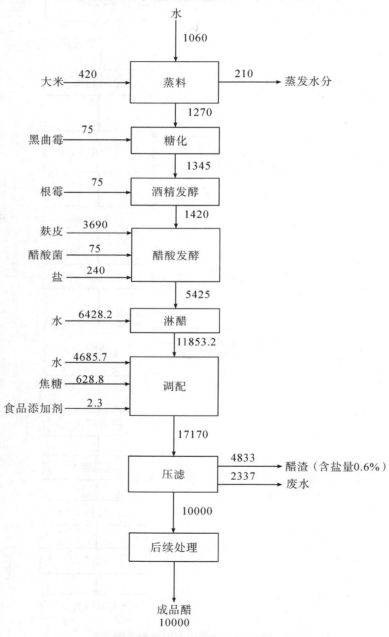

图 1−3 食醋生产线工艺流程及产污位置（单位：t/a）

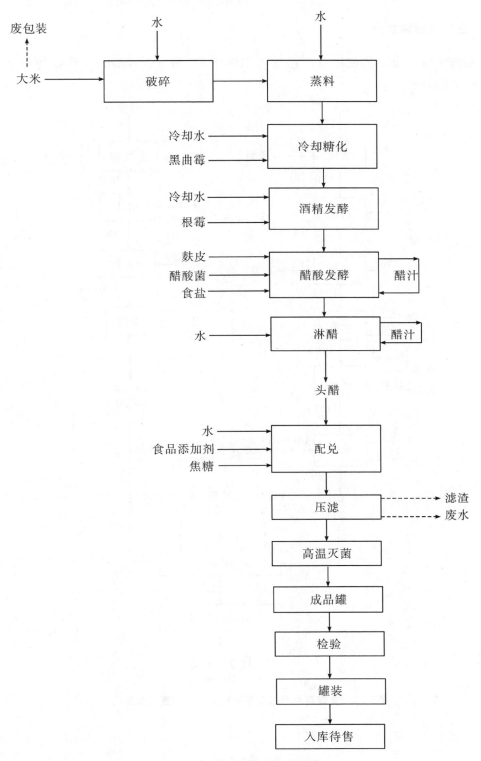

图1-4 食醋生产线物料平衡

（三）豆瓣酱生产线

豆瓣酱生产线工艺流程及产污位置如图 1-5 所示。豆瓣酱生产线物料平衡如图 1-6 所示。

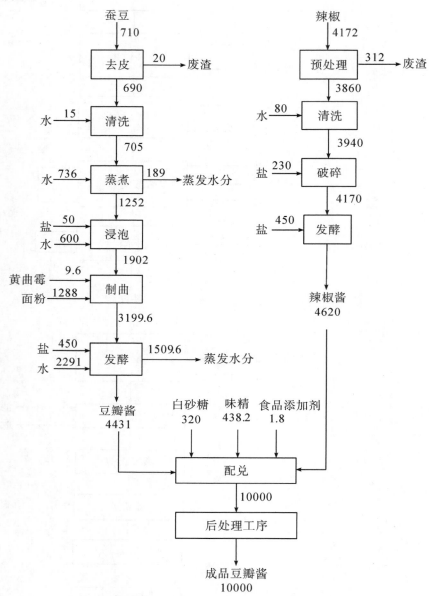

图 1-5　豆瓣酱生产线工艺流程及产污位置（单位：t/a）

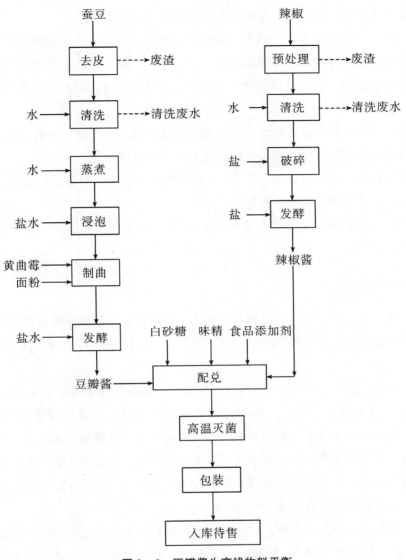

图1—6　豆瓣酱生产线物料平衡

二、污染防治

（一）大气污染防治

废气主要是原料卸料产生的含尘废气，废水处理站、酱油渣、醋渣产生的异味及食堂油烟等。

上料粉尘。在原料（小麦、大米、麸皮等）进厂储存过程中，原料卸料过程（主要在投料坑、立式料仓通气口）会产生粉尘，通过设置集气罩＋布袋除尘装置净化处理后排空；将小麦等原料破碎成粒，收集的物料粉尘返回生产工段。

恶臭气体。生产时产生的酱油渣、醋渣在存放过程中以及污水处理站将产生异味。酱油渣和醋渣产生的异味的主要成分为醇、酚、醛酮、酸、酯、杂环类等芳香成分，其中以醇类化合物最多。污水处理站产生的异味的主要污染物成分为 H_2S、NH_3 和甲硫醇。

在豆瓣酱生产车间应设置密闭废渣暂存间，废渣暂存间的废气经抽气系统收集后通过活性炭吸附净化装置进行除臭，然后通过生产车间楼顶排气口排放。

以厂区污水处理站为边界，划定 50 m 的卫生防护距离。卫生防护距离内禁止新建居民点、医院、学校等环境敏感目标。

食堂油烟。安装和使用油烟去除率不低于 85% 的油烟净化器，经净化后的烟气从食堂楼顶达标排放。

（二）水污染防治

废水主要为池、罐、瓶等各类容器清洗水，压滤机、杀菌机等设备清洗水，原料清洗水，厂区生活污水，少量研发中心实验废水等。主要污染因子为色度、COD_{Cr}、氨氮、总磷、总氮。

建一套设计能力为 300 m³/d 的污水处理系统，采用"混凝沉淀＋A^2O＋MBR 膜池＋混凝沉淀＋氧化脱氮"组合处理工艺，出水水质达到《污水综合排放标准》（GB 8978—1996）中的一级标准。其中发酵罐池的清洗水为高盐废水，高盐废水和其他废水分开收集后，分别输送至高盐调节池和一般废水调节池。高盐调节池中的废水逐步泵入一般废水调节池中，与其他生产废水、生活污水等混合后，再进入自建废水处理系统集中处理。污水处理工艺流程如图 1—7 所示。

在地下水处理污染防治方面，对厂内排水系统和废水处理站的池体及管道均做防渗处理；各生产车间的产水源点，发酵池、调配池、曲池等地坪及墙体均做防渗处理；定期进行检漏监测及检修。强化各相关工程转弯、承插、对接等处的防渗，做好隐蔽工程记录，强化施工期防渗工程的环境监理。厂区内废渣暂存间的地坪采取严格的"防渗、防漏"处理，设置顶棚防雨、防流失，杜绝渗滤液污染地下水。

（三）噪声污染防治

噪声主要是破碎筛选机和风机等生产设备运行时产生的。

厂房设计为半密闭厂房，墙体为砖＋混凝土结构，安装隔声门窗；厂房内设备噪声经墙体进行隔声处理；风机等高噪声设备设置于专用车间内，对引风机等进气口、排气口加装消音器，对风机类设备安装隔音罩等；在安装设计上，高噪声设备房间应采取相应的消声、吸声措施；厂界四周设置绿化隔离带，种植一些可吸声的茂密的树种；选用环保低噪型设备，车间内各设备合理布置，且设备采取基础减震等防治措施。

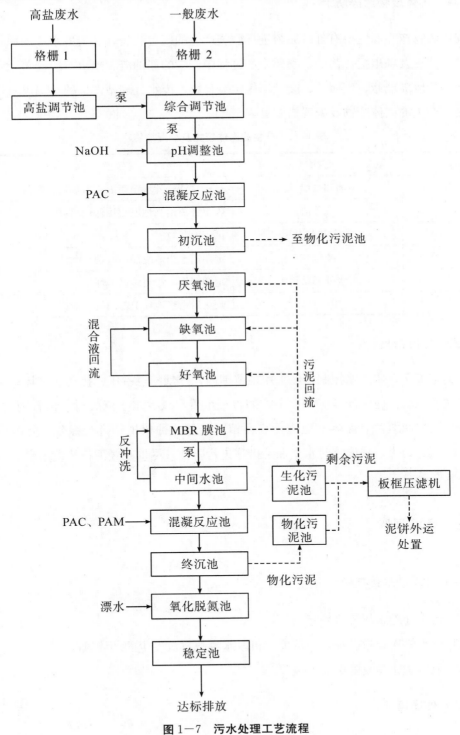

图1-7 污水处理工艺流程

（四）固体废物污染防治

固体废物产生源主要有外购原料进厂破袋产生的废包装袋，豆瓣酱生产线原料处理产生的蚕豆皮及辣椒把，酱油、食醋生产过程中产生的酱油渣、醋渣、废硅藻土，包装工段产生的废玻璃瓶、废瓶盖、废纸箱等包装材料，废水处理站产生的污泥以及厂区生活垃圾。产生的固体废物及处置措施见表1—1。

表1—1 产生的固体废物及处置措施

序号	名称	处置措施
1	酱油和食醋废渣	日产日清，外售至当地养殖场用作饲料
2	废菜渣	收集外售给当地农户用作饲料
3	废硅藻土	供应商回收
4	废包装	定期送至当地废品回收站
5	污水处理站污泥	定期清掏，送至垃圾填埋场
6	生活垃圾	收集后由当地环卫部门统一清运

（五）生态恢复

各类施工活动应严格控制在施工用地范围内，严禁随意占压、扰动或破坏非施工用地范围内的地表。施工场地应注意土方的合理堆置，减少水土流失对其他管网的影响。及时进行土方回填，对裸露土地进行表面植被培养，种植植物进行绿化，防范水土流失。应以预防为主，采取临时水土保持措施进行防治，尽量减轻工程建设给生态环境带来的不利影响。

三、环境风险

（一）存在的环境风险

（1）污水处理站故障或停运。

（2）污水输送管道破损，高浓度有机废水事故排放发生的环境风险。

（3）酿造调味品发酵倒罐的风险。

（二）处理措施

设置一座500 m³的废水事故池，并设置废水站至废水事故池的连通管路及废水泵。若出现厂内废水站故障、停止运行的情况，将废水导入废水事故池，待废水站正常运行后再进行处理，期间相关产污工序限产或停产。

在废渣堆存间采取严格的防渗、防漏、防流失等措施，并加强管理，做到滤渣"日产日清"。若发生倒罐事故，则倒罐的发酵罐暂时不再投入生产，让倒罐发酵液存放在此发酵罐中，分多次将倒罐发酵液用水稀释后缓慢排入厂区污水处理系统进行处理，或者将厂内设置的废水事故池作为倒罐废液的收集装置，建立安全监控系统。对于厂区的危险源，从技术上尽可能配套远程控制系统。加强对各类操作人员、特种作业人员的安全技能教育、培训和考核，并经考核合格后持证上岗。

习题

1. 酱油、食醋和豆瓣酱的生产线的区别及特征是什么？
2. 复核计算酱油、食醋和豆瓣酱生产过程物料是否平衡，主要损耗在什么环节？
3. 如何开展酱油、食醋和豆瓣酱生产污染防治及环境精细化管理？
4. 尝试设计一套污水处理工艺用于净化酱油、食醋和豆瓣酱的生产废水，使之达到排放标准。

第二节　玻璃制造污染防治

玻璃深加工是以浮法玻璃为主要原料，生产钢化玻璃、夹胶玻璃和中空玻璃。主要工序有切割、磨边、清洗、钢化等，加工产品主要为钢化玻璃、普通中空玻璃、安全中空玻璃、节能中空玻璃、夹层玻璃。本节使用的数据基于年加工100万平方米的玻璃加工线及厂房和相应配套设施。

一、生产工艺过程

玻璃制造包括钢化玻璃生产、夹胶玻璃生产、中空玻璃半成品生产。玻璃深加工工艺流程及产污情况如图1—8所示。

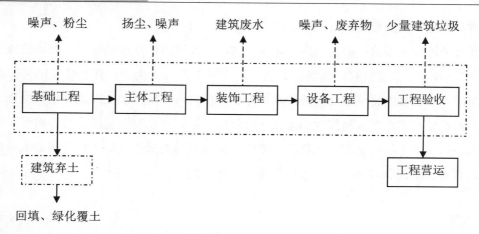

图1-8 玻璃深加工工艺流程及产污情况

（一）钢化玻璃生产工艺

钢化玻璃生产工艺及产污环节如图1-9所示。

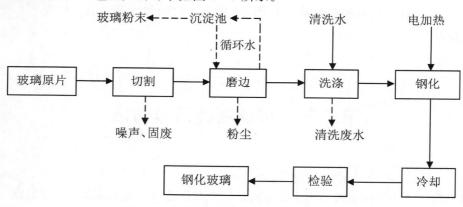

图1-9 钢化玻璃生产工艺及产污环节

（1）钢化、冷却：洗涤后玻璃匀速通过电加热钢化炉，根据玻璃的厚度来控制通过的速度，一般加热时间为15～30 min，加热温度约为600℃，使玻璃软化，然后出炉经多头喷嘴向两面喷吹空气，使之迅速、均匀地冷却，当冷却至室温时就形成了高强度的钢化玻璃。玻璃加热后骤冷会产生较大的噪声，其噪声值约为85 dB，经过房屋隔噪后，噪声值削减到约65 dB。

（2）检验：冷却后的钢化玻璃需进行技术检验，检验工序废品的产生率为原料的0.5%，所有产品必须达到《钢化玻璃标准》（GB 9963—88）中所规定的标准。

（3）成品：经检验合格后的钢化玻璃入库存放。

（二）夹胶玻璃生产工艺

夹胶玻璃生产工艺及产污环节如图1—10所示。

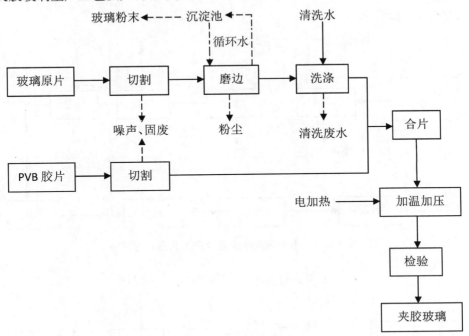

图1—10 夹胶玻璃生产工艺及产污环节

（1）合片：在两层或者多层玻璃中间放入切割好的PVB胶片。

（2）加温加压：合片后的玻璃经预热（60℃～75℃）、预压，使PVB胶片软化，再进入高压釜内热压成型。

高压釜的设计温度为200℃，工作温度为135℃，设计压力为1.6 MPa，工作压力为1.3 MPa。生产时把2片或者2片以上优质玻璃中间用PVB预合、预压，然后进入高压釜，在135℃、1.3 MPa环境下，经压力作用加压出胶片中间层的气泡，使2片玻璃黏合。

PVB的全称为聚乙烯醇缩丁醛，是用盐酸作催化剂，使正丁醛与聚乙烯醇高纯水溶液进行缩合反应而成的合成树脂，具有很高的黏合性能。玻璃软化温度为57℃，PVB胶片软化温度为60℃～75℃，加热到100℃以后才发生热分解，在200℃～240℃时几乎分解完全。使用的PVB胶片，黏合时加热到60℃～75℃，使胶片刚好发生软化，此时PVB胶片还未达到分解温度，因此不会产生挥发物。

（3）检验、成品：高压釜加压后的夹胶玻璃需进行技术检验，所有产品必须达到国家所规定的标准后再入库存放。

（三）中空玻璃生产工艺

中空玻璃半成品生产工艺及产污环节如图 1—11 所示。中空玻璃成品生产工艺及产污环节如图 1—12 所示。

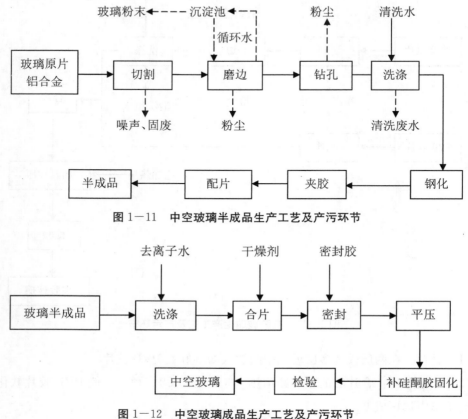

图 1—11　中空玻璃半成品生产工艺及产污环节

图 1—12　中空玻璃成品生产工艺及产污环节

（1）合片、打胶和平压：合片后，由分子筛藻装机灌装干燥剂，再由密封涂布机涂布密封剂，然后平压合片。

（2）补胶：对中空玻璃边缘进行补胶固化工作，采用自动旋转涂胶机涂布硅酮玻璃胶。

（3）检验：检验合格后，即成品，包装待售。

中空玻璃生产过程中为保证密封胶与玻璃的黏结性，中空玻璃制备过程中采用去离子水对上述玻璃半成品进行洗涤，交换树脂再生使用食用 NaCl 为再生剂。去离子水制备工艺及产污环节如图 1—13 所示。

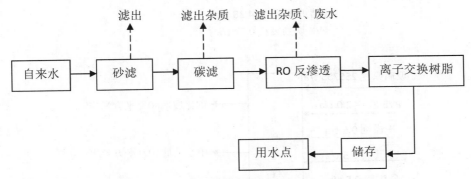

图 1—13　去离子水制备工艺及产污环节

二、水量平衡分析

水量平衡分析如图 1—14 所示。

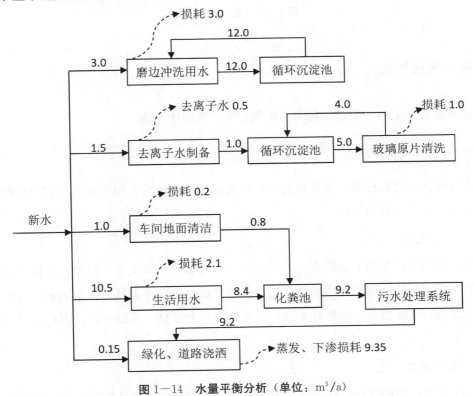

图 1—14　水量平衡分析（单位：m³/a）

三、物料平衡分析

物料平衡分析如图 1—15 所示。

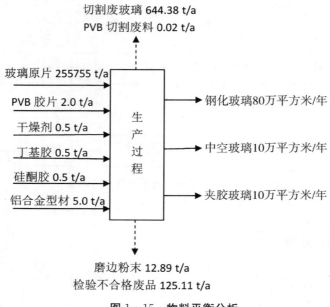

切割废玻璃 644.38 t/a
PVB 切割废料 0.02 t/a

玻璃原片 255755 t/a

PVB 胶片 2.0 t/a

干燥剂 0.5 t/a

丁基胶 0.5 t/a

硅酮胶 0.5 t/a

铝合金型材 5.0 t/a

生产过程

钢化玻璃80万平方米/年

中空玻璃10万平方米/年

夹胶玻璃10万平方米/年

磨边粉末 12.89 t/a
检验不合格废品 125.11 t/a

图 1—15 物料平衡分析

四、污染防治

玻璃制造产生的污染物有废水、废气、噪声和固体废物。

(一)大气污染防治

大气污染主要来自玻璃原片切割时产生的微量玻璃粉尘,钢化玻璃出炉冷却时产生的热空气,以及食堂油烟废气。

1. 工艺粉尘、废气

生产切割时产生的微量粉尘、玻璃粉尘大部分被带入冲洗水,粉尘的总体产生量不大。钢化玻璃出炉冷却时会产生热空气,热空气除热污染外无其他污染因素,且根据同类型厂现场的实际感受,热感并不强。工艺流程用电加热,不设锅炉,因此无燃煤燃油废气产生。

2. 食堂油烟废气

玻璃制造厂厨房排放的炊事废气中主要污染物为油烟,含油烟的废气经抽油烟机净化处理后排放。

(二)水污染防治

产生的废水包括生活污水和生产废水。生产废水主要含玻璃磨边冲洗废水、玻璃原片清洗废水、去离子水制备废水和车间地面清洁废水。

1. 玻璃磨边冲洗废水

玻璃在磨边时局部过热，因此需用水冲洗砂轮和玻璃接触部位，磨边时产生的玻璃粉末会被水带走，进入沉淀池，加聚丙烯酰胺絮凝沉淀，冲洗水经静置沉淀后，上层清液进入磨边水循环回用水池循环使用，下层玻璃粉末结块后捞出作为固废处置。磨边冲洗水处理工艺如图1—16所示。

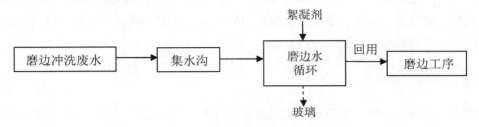

图1—16　磨边冲洗水处理工艺

2. 玻璃原片清洗废水

玻璃在加热及黏合前，需对玻璃表面进行清洗，以洗去玻璃表面的灰尘等杂质，其pH为7.22，COD为128 mg/L，SS为122 mg/L。该部分废水经集水沟收集汇流至清洗水循环回用水池沉淀后循环使用，不外排。

3. 去离子水制备废水

需用去离子水对中空玻璃半成品进行清洗，制备去离子水产生的废水量为1.0 m³/d，该部分废水仅盐分含量增高，可作为玻璃原片清洗水回用。

4. 车间地面清洁废水

为保持车间地面清洁，需用拖布进行车间卫生打扫，该部分废水经厂区化粪池和生化处理池处理达标后回用于厂区绿化和道路浇洒。

5. 生活污水

生活污水经化粪池收集，由厂区生化处理池处理达标后作为厂区绿化和道路抑尘用水。

实行雨污分流制，通过在建筑物四周设置雨水沟，收集道路、人行道及屋面雨水，厂区内汇水通过排水沟收集后，统一排入厂区下方园区3#线公路排洪涵洞，最终排向金沙江。生产污水全部循环使用，经化粪池＋生化处理池处理达标后作为绿化和道路抑尘水回用，无废水外排。

6. 污水处理工艺

项目生化处理系统设置于综合楼东南侧，污水处理站为地埋式一体化设备，处理规模为10 m³/d，处理工艺为CASS工艺。再生水消毒方式为紫外线消毒，不涉及危险化学品。CASS 工艺污水处理流程如图 1-17 所示。

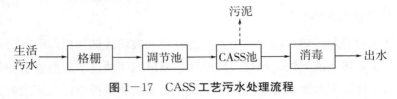

图 1-17　CASS 工艺污水处理流程

CASS 工艺集反应、沉淀、排水功能于一体，污染物的降解在时间上是一个推流过程，而微生物则处于好氧、缺氧、厌氧的周期性变化之中，从而达到对污染物的去除作用，同时还具有较好的脱氮、除磷功能。

（三）噪声污染防治

噪声主要是切割机、空压机等生产设备运行产生的。生产车间噪声源强及治理措施见表 1-2。

表 1-2　生产车间噪声源强及治理措施

序号	噪声源	源强（dB）	治理措施	治理后源强［dB（A）］
1	切割机	85	①设备基座减振；	≤70
2	玻璃磨边机	85	②布置于室内，利用房屋结构隔声；	≤70
3	玻璃清洗机	80		≤65
4	空压机	95	③空压机安装消声器	≤60

（四）固体废物污染防治

玻璃制造厂产生的固体废物主要有办公垃圾、玻璃切割时产生的废玻璃、玻璃磨边时产生的玻璃粉末、PVB 切割时产生的废料、检验不合格的废品、污水处理系统污泥以及废包装材料。

1. 生产性固废

玻璃制造厂切割工序产生的废玻璃以及检验不合格的废品产生量，按玻璃颜色分类集中堆存于厂房，将会被二次利用。

磨边工序产生的玻璃粉末进入沉淀池，定期清掏后同生活垃圾一并交由园区环卫部门处置。

PVB 切割废料由生产厂家回收。

废包装材料主要为原辅材料包装袋和包装铁桶，集中堆存于厂房内，交由废品收购公司处置。

2. 生活垃圾

产生的办公垃圾经袋装收集后，定期交由园区环卫部门处置。

3. 污水处理系统污泥

产生的生活污水统一收集后进入项目内自建的化粪池＋生化处理系统处理，项目内每天进入污水处理系统的污水量为 9.2 m³，在实际运营过程中将会产生一定量的污泥，主要成分为 SS。

产生的固体废物及处置措施见表 1－3。

表 1－3　产生的固体废物及处置措施

序号	名称	产生量（t/a）	处置措施
1	切割废玻璃	644.38	对外销售
2	磨边工序玻璃粉末	12.89	同生活垃圾一并交由园区环卫部门处置
3	检验不合格的废品	125.11	对外销售
4	PVB 切割废料	0.02	生产厂家回收
5	废包装材料	12.0	交由废品收购公司处置
6	生活垃圾	10.5	袋装收集，交由园区环卫部门处置
7	污水处理系统污泥	2.76	定期委托有相关资质的单位清掏处置

五、清洁生产

将综合预防的环境策略持续应用于生产过程和产品中，从而使污染物的产生量、排放量最小化，以便减少对人类和环境的危害。

具体措施如下：

（1）采用无毒、无害或者低毒、低害的原料，替代毒性大、危害严重的原料。

（2）采用资源利用率高、污染物产生量少的工艺和设备，替代资源利用率低、污染物产生量多的工艺和设备。

（3）对生产过程中产生的废物、废水和余热等进行综合利用或者循环使用。

（4）采用能够达到国家或者地方规定的污染物排放标准和污染物排放总量控制指标的污染防治技术。

六、环境风险

环境风险事故主要有电气火灾、机械伤害等。

防范措施如下：

（1）合理布置总图，综合考虑风向、安全防护、消防等因素，建构筑物尽量留足安全间距，设计时遵循防火规范。

（2）在可能发生火灾的地方配置各种型号的手提式、推车式灭火器，设有消防系统，消防水源充足可靠。

（3）制订预案。

①确定救援组织、队伍和联络方式。

②制订事故类型、等级和相应的应急响应程序。

③配备必要的救灾设备。

④对生产系统制订应急状态终止以及自动报警连锁保护程序。

⑤岗位培训和演习，设置事故应急学习手册及报告、记录和评估。

⑥制订区域防灾救援方案以及厂外受影响人群的疏散、撤离方案，与当地政府、消防、环保和医疗救助等部门加强联系，以便风险事故发生时得到及时救援。

习题

1. 分析钢化玻璃生产、夹胶玻璃生产、中空玻璃半成品生产工艺技术的区别及特征，找出存在环境污染的主要环节并提出治理对策。

2. 复核计算水平衡及物料平衡的准确性，提出节水省料对策，并对效果进行评估。

3. 玻璃制造污染防治的重点和难点是什么？

第三节　远航船舶修理污染防治

船舶维修主要包括船舶船体维修、轮机维修和机电维修。船舶建设工程主要构筑物有厂区道路、厂房、办公楼、船舶放样台、下水引道工程以及配套环保设施、喷漆等，主要原辅材料为油漆，底漆使用红丹酚醛防锈漆，面漆使用聚氨酯面漆，底漆稀释剂使用200♯溶剂油，面漆稀释剂使用聚氨酯漆稀释剂。

一、生产工艺过程

船舶维修工程，根据维修船舶的情况，更换机电配件等小修工程维修船舶不需上岸，轮机工程、船体维修等大修工程需上岸进入船台。生产工艺流程如图1-18所示。

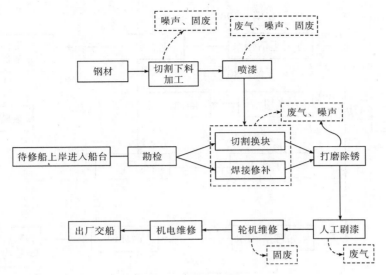

图 1-18　生产工艺流程

1. 船舶上岸

利用卷扬机通过下水引道牵引船体上岸，进入作业区船台进行固定维修。

2. 切割换块

更换船体部件时，按要求用切割机（乙炔）对钢材进行切割下料，同时采用人工使用砂轮机对切割部位进行打磨，以去除飞边、毛刺，然后对钢材进行喷漆作业。

3. 焊接修补

对需要修补的地方进行修补焊接，焊接采用 CO_2 保护焊，焊接主要在船台进行作业。

4. 打磨除锈、人工刷漆

采用人工手工打磨需要补漆的部位，然后进行人工补漆，补漆采用室外人工刷漆。

5. 机电维修

对于船舶的电气设备，根据检验情况，在船舱内进行维修更换。

6. 轮机维修

首先清理收集机舱含油废水，然后拆解检验，轮机零部件设备维修清洗使用轻质柴油进行清洗。

二、水量平衡分析

用水分为生产用水和生活用水。水量平衡分析如图 1-19 所示。

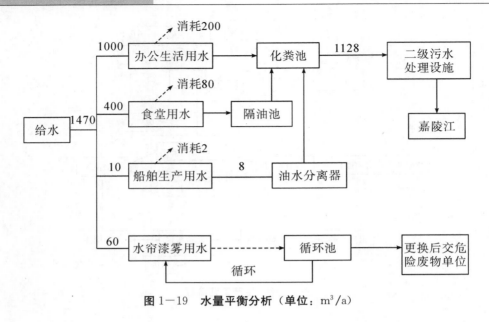

图 1-19　水量平衡分析（单位：m³/a）

三、污染防治

（一）大气污染防治

打磨粉尘。维修船舶以及船舶补漆时需对船体进行打磨，采用手工打磨作业。产生无组织排放主要是打磨粉尘，打磨工序在船台室外进行，打磨的材料主要为金属钢材，产生的打磨粉尘均为金属粉尘，比重较大，产生后会很快沉降落地，金属粉尘落地后要及时清扫。

切割粉尘。切割粉尘来源于乙炔火焰切割工序，切割时会产生少量金属粉尘，金属粉尘落地后要及时清扫。

油漆废气。油漆废气来源于喷漆（含调漆、人工喷漆）工序和涂料固化等过程，以及露天刷漆工序。喷漆的油漆使用量约为 70%，喷漆房内不能喷到的工件及船体刷漆工序需要修补刷漆的地方采用露天刷漆，占油漆量的 30%。

喷漆废气。喷漆废气主要来源于调漆工序产生的少量有机废气和喷漆过程中产生的废气。喷漆完成后在喷漆间自然晾干固化，待有机溶剂完全挥发。各类涂料及稀释剂需经调配后才能使用，调漆过程中会产生少量有机废气，主要污染物为 VOCs、二甲苯。

废气治理措施如下：

（1）在车间内设置喷漆房，不设置独立调漆间。调漆工序在喷漆房的喷漆区内进行。

（2）喷漆房为全密闭设置，调漆工序产生的少量有机废气、二甲苯与喷漆过程中产生的漆雾及有机废气、二甲苯一并经"水帘＋光催化氧化＋活性炭"处理后，经 15 m 高排气筒达标排放。如图 1—20 所示。

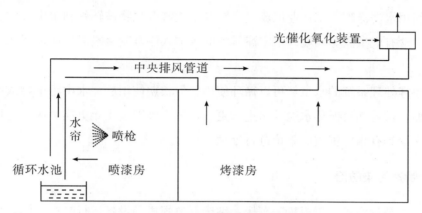

图 1—20　喷漆废气收集处理系统

（3）对于露天涂装船舶工序，设置油漆间，喷漆房设有水帘漆雾装置、一套光催化氧化装置和一根 15 m 高的排气筒。

（4）食堂油烟。

在食堂安装油烟净化装置，食堂油烟通过油烟净化装置处理后达标排放。

（5）焊接烟尘。

焊接烟尘来源于焊接工序，采用移动式焊烟净化机的方式进行治理。焊接烟尘经收集后通过特制的高效过滤筒进行过滤。

（6）卫生防护距离。

根据《制定地方大气污染物排放标准的技术方法》（GB/T 13201—91）中 7.3 条的规定，以船台生产区域边界划定 50 m 卫生防护距离。

（二）水污染防治

废水包括生活污水和生产废水。

1. 生活污水

生活污水包括住宅、办公楼、浴室及经过除油处理后的食堂污水。生活污水含有大量的有机物、细菌及各种微生物，经过化粪池处理后用于周边农田施肥。

2. 生产废水

生产废水主要为船舶维修过程中产生的含油废水以及油漆间水帘漆雾废水。

（1）含油废水。

船舶维修过程中产生的含油废水通过油水分离器处理后，与生活污水一起用于农田施肥。

（2）油漆间水帘漆雾废水。

油漆间用水洗涤喷漆室作业区废气，废气中漆雾颗粒物被转移到水中形成了喷漆废水，废水中含有大量漆雾颗粒。水帘漆雾室的水加入漆雾凝聚剂后，通过循环水池循环使用。

水帘漆雾处理系统的水虽然可以循环使用，但长期使用后，水中污染物浓度不可避免有所增加，需定期对循环水池的水进行更换，更换周期是1年更换2次，更换水作为危险废物交给具有相应资质的单位进行处理。

（三）噪声污染防治

噪声主要是打磨机、折板机、车床、钻床、电焊机等设备运行时产生的，估算噪声值为70～85 dB（A）。

降噪措施如下：

（1）所有产噪设备均安置在室内，利用墙体隔声减小噪声对外界环境的影响。

（2）选型上使用国内先进的低噪声设备，安装时采取台基减震、橡胶减震接头和减震垫等措施。

（3）对各类产噪设备使用橡胶隔震垫，管道进出口加柔性软接，以减震降噪。

（四）固体废物污染防治

固体废物主要为一般废物和危险废物。

1. 一般废物

一般废物主要有生活垃圾、废钢材、废铁屑、焊渣和切割渣。

2. 危险废物

危险废物主要有漆渣、废油漆、水帘废水、废切削液和废润滑油。

危险废物分类收集措施如下：

（1）设置专用的危险废物暂存间对运营过程中产生的危险废物进行暂存，危险废物暂存间的地面做防腐、防渗处理。

（2）将废涂料桶收集后暂存在危险废物暂存间内，定期交给具有相应资质的单位统一处理。

（3）气浮漆渣置于专用容器中，贴上废弃物分类专用标签后，临时堆放在危险废物暂存间中，交给具有相应资质的单位统一处理。

产生的固体废物及处置措施见表1—4。

表1—4 产生的固体废物及处置措施

序号	名称	类别	处置措施
1	生活垃圾	一般废物	市政统一清运
2	废钢材	一般废物	收集后外售物资回收公司
3	废铁屑	一般废物	
4	焊渣和切割渣	一般废物	
5	漆渣	危险废物 HW12 900—252—12	收集后交给具有相应资质的单位进行处理
6	废油漆	危险废物 HW49 900—041—49	
7	水帘废水	危险废物 HW09 900—252—12	
8	废切削液	危险废物 HW09 900—006—09	
9	废润滑油	危险废物 HW08 900—214—08	

（五）地下水污染防治

工艺、管道、设备、污水储存及处理构筑物时发生污染物泄漏，洒落地面的污染物渗入地下，都会造成地下水污染。

防治措施：项目危险废物暂存间、油漆间需按照《危险废物贮存污染控制标准》（GB 18597—2001）严格执行防渗措施，本项目拟采用至少2 mm厚环氧树脂进行防渗，渗透系数≤10^{-10} cm/s。项目其余场地根据《环境影响评价技术导则·地下水环境》（HJ 610—2016）中"表7 地下水污染防渗分区参照表"制定如下防渗措施：油漆间的地面水泥硬化，并采用2 mm厚环氧树脂进行防渗、防腐处理；废水处理设施及配套管道，所有废水处理设施底、侧面均采用防渗、防腐处理；废水输送全部采用管道，并做表面防腐、防锈蚀处理；渗透系数≤10^{-7} cm/s。

四、环境风险

最大可信事故是油漆在贮运过程中发生泄漏及后继引发的火灾和爆炸。风险防范措施：所用的油漆存于专用储存区，由专人负责管理，并加强厂区防火管理、完善事故应急预案等。

五、清洁生产

（1）实施过程中需积极落实关于推进清洁生产的各项措施，建立并不断完善环境管理体系，完成环境管理体系审核，尽早完成清洁生产审核。

（2）建立并不断完善质量管理体系，加强产品生产的全过程管理。严格控制原辅料品质，加强生产过程质量控制，强化产品质量监督检验，保证各类产品质量满足国家相应标准。保证产品的环境安全性。

（3）不断完善节电、节水保障措施，降低能耗水平。

六、环保措施

环保措施见表1—5。

表1—5　环保措施

类型		治理措施	备注
废气	喷漆＋烘干废气	油漆废气经过水帘＋光催化氧化＋活性炭装置，再经15 m高排气筒达标排放	
	焊接烟尘	移动式焊烟净化器4台	
	油烟	食堂油烟净化器	
废水		水帘循环池（不小于10 m³）	
		油水分离器2台	已有
		食堂隔油池（1 m³）	
		化粪池（20 m³）	已建
噪声		优选低噪设备	计入工程投资成本
		隔声、减震措施	
固体废物	设置危险废物暂存间	严格区分一般固废暂存间和危险固废暂存间，危险固废暂存间的地面做防渗、防腐处理	
	一般固废处置	环卫部门清运	
	危险固废处置	委托具有相应资质的单位处理	
地下水		危险废物暂存间、油漆库地面、油漆间做防渗、防漏处理	计入固废处置和环境风险投资内

续表1—5

类型		治理措施	备注
风险防范	危险废物暂存场所	设置危险废物暂存场所，地面做防腐、防渗处理，修建围堰	
	自备式呼吸器、面罩、防护服等		
	风险防范设备	吸油毡、围油栏	
	车间安全防范措施	重点防渗区车间地面做防腐、防渗处理	
	油漆库	位于生产厂房，地面做防雨、防渗、防漏处理	
	消防系统	灭火器、火灾探测头、喷淋灭火装置等消防器材	

习题

1. 远航船舶修理污染防治重点体现在哪些方面？

2. 针对远航船舶修理污染防治生产工艺流程图，梳理出原辅材料和污染物产污特征，提出污染综合防治和管理对策。

3. 为远航船舶修理废气和废水污染提供治理对策。

第四节 电子产品制造污染防治

电子产品是当今人类生活中不可或缺的，研究电子产品的制造过程和污染防治有助于人类合理使用电子产品。通常电子产品制造厂由主体工程、公用工程、生活及办公设施、环保工程组成。本节以机顶盒的生产和仓储为例来进行说明，机顶盒年生产量为1000万台，物流仓储年吞吐量约1.7万吨。

一、生产工艺过程

机顶盒的生产主要分为四个部分，即SMT贴片线、AI生产线、机芯生产线和整机组装线。

（一）SMT 贴片线

SMT 贴片线工艺流程及产污位置如图 1—21 所示。

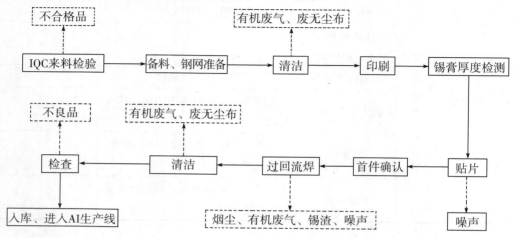

图 1—21　SMT 贴片线工艺流程及产污位置

（二）AI 生产线

AI 生产线工艺流程及产污位置如图 1—22 所示。

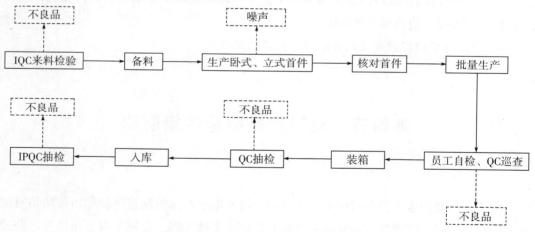

图 1—22　AI 生产线工艺流程及产污位置

（三）机芯生产线

机芯生产线工艺流程及产污位置如图 1—23 所示。

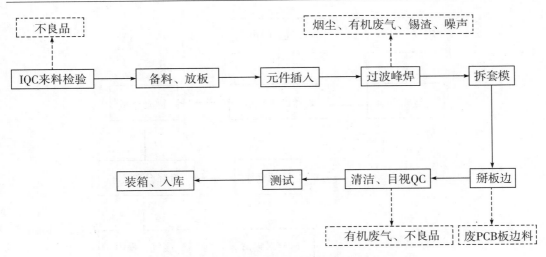

图 1—23　机芯生产线工艺流程及产污位置

（四）整机组装线

整机组装线工艺流程及产污位置如图 1—24 所示。

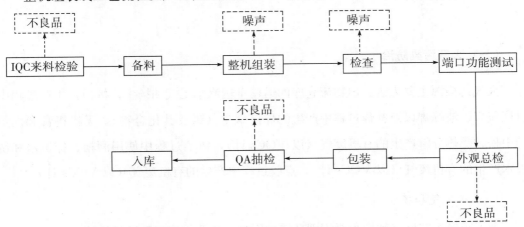

图 1—24　整机组装线工艺流程及产污位置

二、物流仓储过程

物流仓库主要用于储存生产的机顶盒以及其他家用电子产品。物品由运输车运输至物流仓库后，由场内的升降台和叉车将物品分类存放至物流仓库内。当物品需外运时，由叉车和升降台将物品运输出仓库，并由运输车辆外运。

该工序主要产生汽车尾气和噪声。物流仓储工艺流程及产污位置如图 1—25 所示。

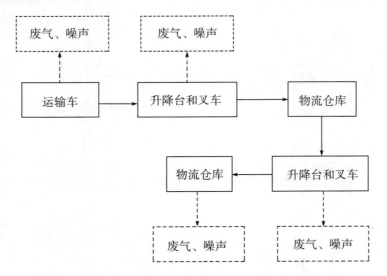

图 1-25 物流仓储工艺流程及产污位置

三、污染防治

（一）大气污染防治

大气污染源主要为进、出物流仓库的运输车辆汽车尾气和扬尘；机顶盒生产过程中过回流焊、波峰焊以及补焊过程中产生的焊接烟尘（锡及其化合物），无铅锡膏和助焊剂中松香受热分解产生的有机废气（以 VOCs 计），清洁过程中使用酒精、抹机水和洗板水产生的有机废气（以 VOCs 计），点胶过程中产生的有机废气（以 VOCs 计）。

1. 汽车尾气和扬尘

为了减轻汽车尾气和扬尘对周围环境的影响，主要采取以下防护措施：

（1）加强厂区清洁，由专人对厂区进行打扫。

（2）加强车辆管理，限制车辆在厂区内的行驶速度。

（3）及时对场地进行洒水降尘。

（4）对厂区内的废包装材料等固体废物应及时清运，严禁随意抛撒垃圾等固体废物。

2. 焊接烟尘和有机废气

设置 1 套玻璃纤维滤棉＋UV 光催化氧化＋活性炭纤维吸附装置＋26.1 m 高的排气筒（内径为 0.4 m，建筑高度为 23.1 m），对产生的焊接烟尘和有机废气进行处理。

在清洁工位上方、人工焊接上方和点胶工位上方安装集气罩，清洁工序、人工焊接和点胶工序产生的有机废气经集气罩收集后与经波峰焊、回流焊自带的管道收集的焊接废气，由支引风管一同引入 1 根主风管，废气经主风管引入楼顶的玻璃纤维滤棉＋UV 光催化氧化＋活性炭纤维吸附装置处理系统，经处理后的尾气通过排气筒（高为 26.1 m，内径为 0.4 m）引至楼顶（建筑高度为 23.1 m）排放，未经收集的有机废气及烟尘在生产车间内以无组织的形式排放。

3. 卫生防护距离

电子产品厂房烟尘和有机废气的卫生防护距离均为车间外 50 m。根据《制定地方大气污染物排放标准的技术方法》（GB/T 13201—91），卫生防护距离在 100 m 以内时，级差为 50 m，但当按两种或两种以上的有害气体的值计算的卫生防护距离在同一级别时，该类工业企业的卫生防护距离应提高一级，确定无组织排放面源卫生防护距离时，应以生产车间为边界设置 100 m 卫生防护距离。

（二）水污染防治

生产工艺无废水产生，仅是职工办公生活污水。

（三）噪声污染防治

噪声主要是组装设备、中央空调、运输车辆等运行时产生的，声源强度一般为 55～80 dB（A）。

（四）固体废物污染防治

固体废物分为职工办公生活垃圾、一般工业固废和危险废物。

1. 职工办公生活垃圾

在厂区内合理安放垃圾桶，统一收集后由环卫部门清运。

2. 一般工业固废

产生的一般工业固废包括废包装纸箱（塑料袋）、废锡渣、废玻璃纤维棉。废包装纸箱（塑料袋）经集中收集后，放置于固废暂存间，并交由废品回收公司回收处理；废锡渣、废玻璃纤维棉经集中收集后，放置于固废暂存间，由环卫部门清运。

3. 危险废物

产生的危险废物包含废 PCB 板、废 PCB 板边角料、废电子元器件、清洁 PCB 板过程中产生的废无尘布、废胶桶（洗板水、抹机水等）、废活性炭纤维、废机油等，见表 1—6。

表1-6 产生的危险废物一览表

名称	特性	类别	代码
废PCB板、废PCB板边角料、废电子元器件	T(毒性)	HW49其他废物	900-045-49
废活性炭纤维	T/In	HW49其他废物	900-041-49
波峰焊机、印刷网板		HW08	900-041-49
原辅材料(助焊剂、抹机水、洗板水等)		HW08	900-041-49
部分机械设备使用过程需要添加机油		HW08	900-217-08

废PCB板、废PCB板边角料、废电子元器件、废活性炭纤维、废无尘布、废胶桶、废机油均存放于危废暂存间,定期交给具有相应资质的危废单位处理。

四、环境风险

电子产品生产过程中不涉及重大危险源。电子产品厂房储存的物品中,酒精、洗板水、抹机水、焊料、原棉等属于易燃物品,遇明火、高热可燃。酒精、洗板水、抹机水等又属于液体,易泄漏。因此,主要环境风险为火灾、爆炸风险和地下水污染风险。

具体防范措施如下:

(1)操作人员应根据不同物品的危险特性佩戴相应的防护用具,包括工作服、围裙、袖罩、手套、防毒面具、护目镜等。

(2)化学品洒落地面、车板上应及时清除,对易燃易爆物品应用松软物经水浸湿后扫除。

(3)危险化学品等应储存于阴凉、通风的库房,远离火种、热源,禁止使用易产生火花的机械设备和工具。

五、环保措施

环保措施见表1-7。

表1-7 环保措施

项目	污染物	治理措施
废气	烟尘(以锡及其化合物计)、有机废气(以VOCs计)	1套废气处理系统,玻璃纤维滤棉+UV光催化氧化+活性炭纤维吸附装置+26.1 m高的排气筒(建筑高度为23.1 m,内径为0.4 m),引至楼顶排放

项目	污染物	治理措施
废水	雨、污水	采用雨、污分流制，雨、污管网分别与城市雨、污管网相连接
固体废物	生活垃圾	设置垃圾桶，经统一收集后，送往垃圾房，由环卫部门清运
	生产固废	一般固废暂存于厂区设置的 2 间固废暂存间（20 m²）
		危险固废暂存于危险厂区设置的 2 间固废暂存间（20 m²），定期交给具有相应资质的单位处理
噪声	设备噪声	选用低噪设备、隔声墙、基础减震等
地下水	原料、危险废物	对危废暂存间和原料库房进行重点防渗；对固废暂存间、污水预处理池、应急池进行一般防渗；对厂区其余地面进行一般地面硬化
生态	对厂区进行绿化	
环境风险防范措施	在易燃物堆放处设置明显易见的防火、防爆标志，加强管理	
环境管理及监测	对烟尘、有机废气、噪声进行监测，频率为 1 次/年	

习题

1. 对 SMT 贴片线、AI 生产线、机芯生产线、整机组装线进行工艺对比分析，找出存在污染的环节，并论述污染产生的过程及去向。

2. 物流仓储过程中存在的非道路移动源污染管控措施是什么？

3. 玻璃纤维滤棉＋UV 光催化氧化＋活性炭纤维吸附装置治理技术的原理是什么？

4. 生产过程中危险废物主要有哪些？具有什么特征？

5. 环保措施有哪些？具体如何实施？

第五节　螺钉、钢钉及镀锌铁丝制造污染防治

螺钉、钢钉及镀锌铁丝是常见产品，其制造过程主要是通过外购线材进行拉丝、电镀锌、退火、制钉和抛光等工序，部分通过电镀锌生产线和发蓝生产线生产高强度螺钉、镀锌钢钉、发蓝钢钉和镀锌铁丝。生产的钉制品主要用于轨道架设、车厢悬挂、转向架系统、动车组车厢车体薄壁木桶型铝合金紧固等领域。本节数据分析基础为年产镀锌铁丝 3500 吨（其中 1500 吨自用，2000 吨外售）、高强度螺钉 1500 吨、镀锌钢钉 1500 吨、发蓝钢钉 50 吨，建设酸洗废水 5 m³/d、镀锌废水 4 m³/d 的处理能力。

一、生产工艺过程

主要工艺有镀锌铁丝及镀锌钢钉生产工艺、螺钉生产工艺和发蓝钢钉生产工艺。

（一）镀锌铁丝及镀锌钢钉生产工艺

镀锌铁丝及镀锌钢钉生产工艺主要有拉丝、退火、电解酸洗、电镀锌、制钉、热处理、无铬钝化、烘干和检验等。

（1）拉丝：通过拉丝机将线材（直径为 6.5 mm）拉丝到产品需要的直径（0.8～5 mm），拉丝后的线材卷曲后送到退火炉进行热处理。

（2）退火：拉丝后的线材需要经过退火炉热处理，以便降低线材的硬度，满足产品要求。电加热退火炉对线材进行热处理，退火温度为 700℃～900℃。

（3）电解酸洗：为了去除线材表面的少量锈迹，设 2 个串联的酸洗槽（每个槽容积为 3.325 m³，长、宽、高分别为 3.5 m、1 m、0.95 m）进行酸洗处理，酸洗液为 5% 硫酸。线材需连续匀速通过酸洗槽，10 根线材同时一起通过酸洗槽，酸洗槽出口设有布匹和高压吹气装置，线材通过时，多余的酸洗液就被擦下和吹下流回酸洗槽。经酸洗槽后，线材进入清洗槽，进一步清洗表面的酸洗液，清洗后的线材将完成镀前处理，进入电镀槽进行镀锌处理。

（4）电镀锌。

①电镀锌工艺原理。

采用硫酸锌镀锌工艺，其反应原理如下：

硫酸锌在溶液中发生解离：$ZnSO_4 \longrightarrow Zn^{2+} + SO_4^{2-}$。

在阴极上，锌离子得到电子，还原成金属锌，析出并在阴极上沉积，阴极反应为：$Zn^{2+} + 2e^- \longrightarrow Zn$。

阴极上还有一个副反应，是镀液中的氢离子得到电子还原成氢气逸出，反应式为：$2H^+ + 2e^- \longrightarrow H_2$。

阳极上的主要反应为锌锭的溶解，反应式为：$Zn - 2e^- \longrightarrow Zn^{2+}$。

②电镀锌工艺流程。

经酸洗预处理后的线材进入电镀槽内进行镀锌，采用硫酸锌镀锌工艺，在线连镀。一共设有 3 个串联的镀槽（各槽容积为 3.325 m³，长、宽、高分别为 3.5 m、1 m、0.95 m），镀液成分为吐温 20、十二烷基硫酸钠、乳化剂 op10、苄叉丙酮、5％稀硫酸、硼酸。线材在镀槽的停留时间为 3～5 min，镀层厚度为 0.02～0.09 mm，镀层面积为 28000 m²。不断向镀槽添加镀液，使电镀一直进行下去，镀锌铁丝经卷曲不断移动。

电镀槽出口设有布匹和高压吹气装置，线材通过时，多余的电镀液被擦下和吹下流回酸洗槽。线材随后进入 3 个清水池（各槽容积为 2.375 m³，长、宽、高分别为 2.5 m、1 m、0.95 m）进行三级逆流清洗，再进入 2 个皂化池处理后，镀锌铁丝经卷曲从电镀槽取出。部分镀锌铁丝卷曲称重进入成品库作为产品外售，部分镀锌铁丝随后进一步处理加工成镀锌钢钉。

镀锌后的铁丝经全自动数控拉丝机进一步拉丝处理，精拉后的铁丝直径为 0.75～4.0 mm。

（5）制钉：镀锌铁丝进入制钉机制钉，主要包括剪断、钉帽和钉尖成型，全部由制钉机自动完成。

（6）热处理：制钉机制好的钢钉要经过网带炉热处理，主要增加钢钉硬度。网带炉采用电加热方式，处理温度为 800℃～950℃。

经热处理过的钢钉需要进入抛光机进行抛光处理，抛光载体为细木屑，通过抛光机高速旋转，增加木屑与钢钉之间的摩擦，达到抛光的目的。

随后钢钉进入镀锌筒进一步精镀锌，镀锌工艺和镀液均与电镀锌一致，电镀方式采用滚镀方式。钢钉在镀锌筒的停留时间为 1 h，镀层厚度为 0.005～0.01 mm，镀层面积为 28000 m²。精镀处理后的钢钉经铁丝网网住由行车吊出，镀锌后的钢钉经三级逆流漂洗后进入钝化工序处理。

（7）无铬钝化：镀锌钢钉采用无铬钝化的方式进行钝化处理，并采用浸涂的方式将钝化液均匀涂覆在镀件表面。该方法能使镀锌层的抗腐蚀能力增强，可以替代目前广泛使用的有毒的铬酸盐钝化法。

（8）烘干：经钝化处理后的钢钉放入电烘箱烘干，烘干温度为200℃。

（9）检验：烘干后的钢钉经检验合格后包装入库。

镀锌铁丝及镀锌钢钉生产工艺流程及产污位置如图1—26所示。

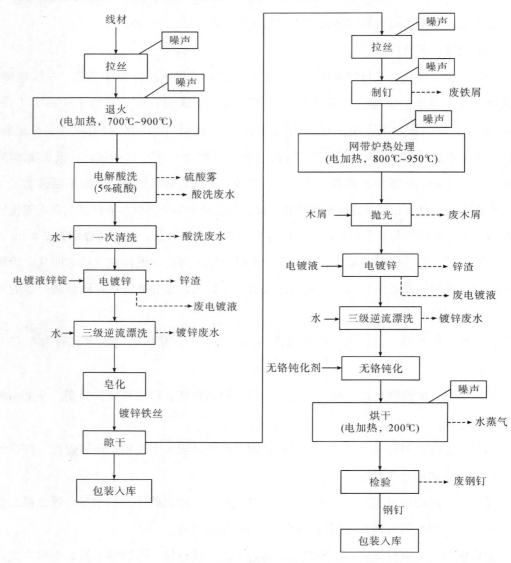

图1—26 镀锌铁丝及镀锌钢钉生产工艺流程及产污位置

（二）螺钉生产工艺

螺钉生产工艺主要有拉丝、退火、制钉、滚丝、热处理、抛光、电镀锌、无铬钝化、烘干和检验等。

（1）拉丝：通过拉丝机将外购的线材（直径为 6.5 mm）拉丝到产品需要的直径（0.8~5 mm），拉丝后的线材卷曲后送到退火炉进行热处理。

（2）退火：拉丝后的线材需要经过退火炉热处理，以便降低线材的硬度，满足产品要求。本项目拟新增 1 台电加热退火炉对线材进行热处理，退火温度为 700℃~900℃。

（3）制钉：线材进入制钉机进行制钉，主要包括线材剪断、钉帽和钉尖成型，全部由制钉机自动完成，制好的钢钉进入滚丝处理。

（4）滚丝：制好的钢钉进入滚丝机进行滚丝处理，主要目的是在钢钉上形成螺纹。

（5）热处理：滚丝后的钉子需要经过网带炉热处理，主要目的是减少钉子内部应力。网带炉采用电加热方式，处理温度为 800℃~950℃。

（6）抛光：经过热处理的螺钉需要进入抛光机进行抛光处理，抛光载体为细木屑，通过抛光机高速旋转，增加木屑与钢钉之间的摩擦，达到抛光的目的。

（7）电镀锌：螺钉进入镀锌筒进行电镀锌处理，镀锌工艺和镀液均与钢钉镀锌工艺一致，电镀方式采用滚镀方式。螺钉在镀锌筒的停留时间为 1 h，镀层厚度为 0.02~0.08 mm，镀层面积为 10000 m^2。

（8）无铬钝化：螺钉采用无铬钝化的方式进行钝化处理，选用无毒的无铬钝化液，并采用浸涂的方式将钝化液均匀涂覆在镀件表面。该方法能使镀锌层的抗腐蚀能力增强，可以替代目前广泛使用的有毒的铬酸盐钝化法。

（9）烘干：经钝化处理后的螺钉放入电烘箱烘干，烘干温度为 200℃。

（10）检验：烘干后的螺钉经检验合格后包装入库。

螺钉生产工艺流程及产污位置如图 1—27 所示。

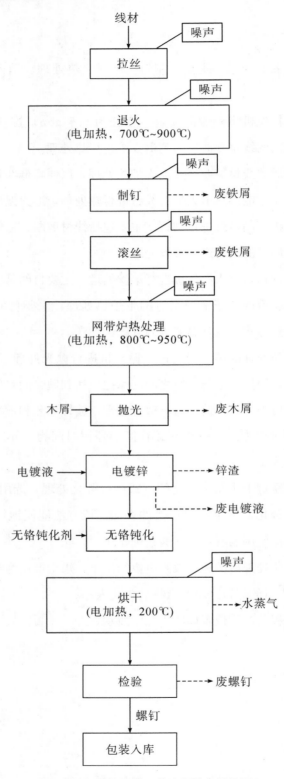

图 1—27　螺钉生产工艺流程及产污位置

（三）发蓝钢钉生产工艺

发蓝钢钉生产工艺主要有拉丝、退火、制钉、热处理、发蓝处理、烘干和检验等。

（1）拉丝：通过拉丝机将外购的线材（直径为 6.5 mm）拉丝到产品需要的直径（0.8～5 mm），拉丝后的线材卷曲后送到退火炉进行热处理。

（2）退火：拉丝后的线材需要经过退火炉热处理，以便降低线材的硬度，满足产品要求。本项目拟新增 1 台电加热退火炉对线材进行热处理，退火温度为 700℃～900℃。

（3）制钉：线材进入制钉机进行制钉，主要包括线材剪断、钉帽和钉尖成型，全部由制钉机自动完成，制好的钢钉进入滚丝处理。

（4）热处理：制好的钢钉需要经过网带炉热处理，主要目的是增加钢钉硬度。网带炉采用电加热方式，处理温度为 800℃～950℃。

（5）发蓝处理。

发蓝处理也称为发黑处理。发蓝处理是一种化学表面处理，其主要作用是在工件表面形成一层致密的氧化膜，防止工件腐蚀上锈，提高工件的耐磨性。它只是一种表面处理，不会对内部组织产生任何影响。发蓝处理常用的方法有传统的碱性加温发蓝和出现较晚的常温发蓝两种，但常温发蓝工艺对于低碳钢的效果不太好，因此选用碱性加温发蓝处理。

设置 5 个发蓝筒，发蓝液由水、苛性钠、硝酸钠和亚硝酸钠组成。首先将钢钉放入沸腾的发蓝液中（采用电加热升温，控制发蓝开始温度为 137℃～140℃，发蓝结束时温度为 142℃～145℃）进行发蓝处理，钢钉在发蓝过程中每煮 20～30 min 取出，用清水冲洗一次，以使发蓝膜更紧密，共煮 2～3 次，总时间为 60～90 min，然后将彻底冲洗干净的钢钉浸入 3% 的肥皂水中煮 3～5 min，使钢钉表面生成一层吸油不吸水的硬脂酸铁膜，以增强防锈能力。

（6）烘干：经发蓝处理后的钢钉放入电烘箱烘干，烘干温度为 200℃。

（7）检验：烘干后的钢钉经检验合格后包装入库。

发蓝钢钉生产工艺流程及产污位置如图 1—28 所示。

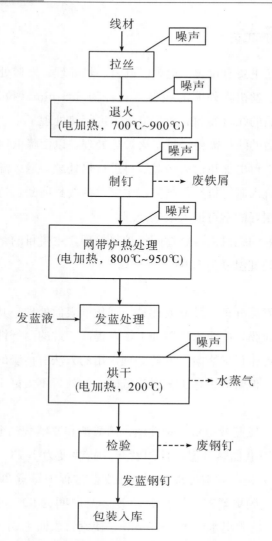

图1-28 发蓝钢钉生产工艺流程及产污位置

二、污染防治

（一）大气污染防治

废气主要为拉丝粉尘、抛光粉尘和无组织排放废气。废气中主要污染物为粉尘和硫酸雾，经治理后均能达标排放。

1. 拉丝粉尘

主要为拉丝过程中产生的粉尘，通过安装在拉丝工位上的吸气罩捕集拉丝粉尘，再采用布袋除尘器进行净化处理，净化后的废气由15 m高的排气筒外排。

2. 抛光粉尘

对钢钉进行抛光清洗的过程中会产生粉尘，采用捕集罩＋布袋除尘器净化抛光粉尘，净化后的废气由 15 m 高排气筒外排。

3. 无组织排放废气

无组织排放废气主要为未捕集的粉尘及电解酸洗无组织排放的硫酸雾，主要来源如下：

（1）拉丝车间拉丝工序未捕集的粉尘。

（2）抛光车间抛光工序未捕集的粉尘。

（3）电解酸洗无组织排放的硫酸雾。

采取的无组织排放控制措施：拉丝工序和抛光工序产生的粉尘均通过捕集罩捕集，经布袋除尘器净化处理达标后，由 15 m 高排气筒外排。

线材酸洗和镀锌过程中会产生少量硫酸雾，以无组织形式排放，采取的措施主要有：选用的酸洗液为 5% 的稀硫酸，并向酸洗槽和镀锌槽中添加酸雾抑制剂，控制硫酸雾的产生；酸洗槽和镀锌槽上方均通过加盖处理进一步控制硫酸雾的无组织排放；以拉丝车间外 50 m、抛光车间外 50 m 和镀锌车间外 50 m 形成的包络线范围划定卫生防护距离。

（二）水污染防治

废水主要有生产废水和生活污水，其中生产废水主要有清洗废水、酸洗废水和镀锌废水。

1. 清洗废水

清洗废水包括员工洗手废水和车间冲洗废水。通过设置一个 5 m^3 隔油沉淀池处理清洗废水，清洗废水经隔油沉淀处理后由罐车运至指定污水处理厂。

2. 酸洗废水和镀锌废水

酸洗废水采用中和法处理，镀锌废水采用中和＋沉淀＋过滤法处理。

酸洗废水主要污染物为酸和 SO_4^{2-}，采用中和絮凝沉淀净化处理，处理后废水返回酸洗槽继续使用。镀锌废水主要污染物为酸、碱和 Zn^{2+}，采用加碱进行中和反应，并调节 pH 为 7~9，将锌离子生成絮状沉淀，沉淀之后，废水经过滤器处理后上清液返回镀锌漂洗槽循环使用。每 3 个月排放一次处理后的酸洗废水和镀锌废水，外排的废水由罐车运至指定污水处理厂。

镀锌废水处理工艺流程如图 1—29 所示。

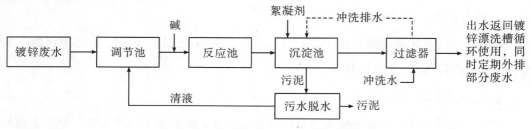

图 1—29　镀锌废水处理工艺流程

3. 生活污水

生活污水处理方式为经预处理池处理后由罐车运至指定污水处理厂。

4. 废水排放和处理情况

废水排放和处理情况见表 1—8。

表 1—8　废水排放和处理情况

序号	废水类别	处理措施及排放去向
1	酸洗废水	酸洗废水经中和沉淀，镀锌废水经镀锌废水处理系统处理，清洗废水经隔油沉淀处理，然后一起由罐车运至指定污水处理厂，处理达标后排入受纳水体
2	镀锌废水	
3	清洗废水	
4	生活污水	经预处理池处理后由罐车运至指定污水处理厂，处理达标后排入受纳水体

（三）固体废物污染防治

产生的固体废物主要有废铁屑、废木屑、锌渣、收尘灰、废电镀锌液、废钢钉和废螺钉、镀锌废水沉淀池污泥和办公生活垃圾等。工程废渣产生及处置措施见表 1—9。

表 1—9　工程废渣产生及处置措施

名称	性质	产生工序/主要成分	处置措施
锌渣	危险废物	电镀锌工序，为 HW17 类危险废物	交给具有危险废物处理资质的处理单位综合利用，不外排
废电镀锌液		电镀锌工序，为 HW17 类危险废物	交给具有危险废物处理资质的处理单位综合利用，不外排
镀锌废水沉淀池污泥		镀锌废水处理系统运行过程中，为 HW17 类危险废物	交给具有危险废物处理资质的处理单位综合利用，不外排
废润滑液		HW08 类危险废物	交给具有危险废物处理资质的处理单位综合利用，不外排
废乳化液		HW09 类危险废物	交给具有危险废物处理资质的处理单位综合利用，不外排

名称	性质	产生工序/主要成分	处置措施
废铁屑		制钉和滚丝工序	外售给金属回收公司，不外排
废木屑		抛光工序	交由蜂窝煤厂生产蜂窝煤，不外排
拉丝粉尘净化系统收尘灰	一般固废	主要成分为铁粉	外售给金属回收公司，不外排
抛光粉尘净化系统收尘灰		主要成分为木屑和铁粉	交由蜂窝煤厂生产蜂窝煤，不外排
废钢钉和废螺钉			外售给金属回收公司，不外排
酸洗槽废渣		主要成分为氧化铁皮	外售给金属回收公司，不外排

同时，在厂房建设一个暂存临时渣场，用于临时堆存生产过程中产生的固体废物。固废暂存间分为一般固废暂存间和危险废物暂存间。各类废物分类堆存，严禁一般固废和危险废物混堆。

（四）地下水污染防治

工程分三个防渗区域，即重点防渗区、一般防渗区和非防渗区，见表1－10。

表1－10 项目地下水防渗分区

序号	车间名称	分区类别	防渗要求
1	镀锌车间、发蓝车间、危险废物暂存间、废水处理间及事故水池	重点防渗区	混凝土浇筑＋铺设 HDPE 防渗膜。按照《危险废物贮存污染控制标准》的要求，基础必须防渗，防渗层为至少 2 mm 厚的高密度聚乙烯，渗透系数≤10^{-10} cm/s
2	除重点防渗区外的其余部分地面，包括原料库、成品库区域	一般防渗区	抗渗混凝土浇筑硬化。按照《一般工业固体废物贮存、处置场污染控制标准》的相关要求，防渗层采用抗渗混凝土，防渗性能应相当于渗透系数为 10^{-7} cm/s 和厚度为 1.5 m 的黏土层的防渗性能
3	厂区绿化区域、办公楼、食堂等	非防渗区	无

为了防止物料、废物等跑、冒、滴、漏以及产生渗漏水污染地下水，采取以下地下水防护措施：

（1）实施清洁生产及各类废物循环利用的具体方案，减少污染物的排放量；防止污染物的跑、冒、滴、漏，将污染物的泄露环境风险事故降到最低限度。

（2）对厂内排水系统和污水处理站池体及排放管道均做防渗处理。

（3）定期进行检漏监测及检修。

（4）建立地下水风险事故应急响应预案，明确风险事故状态下应采取的封闭、截流等措施。

（5）厂区内设置地下水监测井，实时监测该区域地下水受污染情况。一旦发现地下水受到污染，应及时采取必要阻隔措施。

（五）噪声污染防治

噪声主要来源于制钉机、拉丝机、滚丝机、抛光机等，其噪声强度为 $80\sim100$ dB（A）。

对噪声的治理主要采取以下措施：

（1）对风机采取基础减震，在设备选型上选用低噪声设备，并采取适当的降噪措施，在机组基础设置衬垫，使之与建筑结构隔开，风机的进出口安装消音器，管道外壁敷设阻尼吸声材料等。风机噪声经降噪处理后车间内噪声值小于 75 dB（A）。

（2）对制钉机、拉丝机、滚丝机、抛光机等噪声大的设备进行基座减震加固，并将这些噪声设备布置于厂房中部，远离周围学校和居民等敏感点。

（3）不断新增厂区绿化，尽量削减生产噪声对厂界外的影响。

三、清洁生产

在生产工艺与装备上可以采取以下技术及措施：

（1）拉丝采用全自动拉丝机进行精拉，可提高工作效率和拉丝的精度。

（2）钝化采用更环保的无铬钝化工艺，符合清洗生产先进工艺。

（3）合理选用能源，可使用电力能源，属于清洁能源，从源头上减少污染物产生量。

（4）尽量优化设备布置及总平面布置，缩短物料输送距离，使物料流向符合流程，同时可对生产过程进行集中监视和控制，实现工艺条件优化，以进一步降低生产能耗。

（5）在各部门安装计量分水表，使用水计量率达到 100%。所有的供、用水装置和计量装置都定期进行检测、校验和维修，使其处于完好状态。

（6）镀锌后的清洗采用三级逆流漂洗，可提高水循环利用率。

四、环境风险

风险事故为硫酸泄漏和废水处理站废水泄漏等。

（1）硫酸贮存区设置危险源标志，加强日常维护。

（2）硫酸贮存区设置围堰（围堰高 1 m），并在围堰内部进行防腐、防渗漏处理。硫酸一旦发生泄漏，废酸应收集于围堰中，经污水处理站处理后回用于电解酸洗。

（3）定期对硫酸贮存区进行泄漏安全检查，并做好检查记录。检修按安全规范要求进行。

（4）废水处理系统中设有 1 个事故应急池（兼作消防废水收集池），有效容积为 100 m³，可满足废水事故排放废水 12 h 的停留时间以及满足收集消防废水的需求。

（5）酸洗槽、电镀槽、发蓝筒均设置围堰，围堰进行防腐、防渗漏处理，车间边界设截水沟，防止污染地下水。

习题

1. 论述螺钉、钢钉及镀锌铁丝的生产过程及主要产污环节。

2. 收集整理有关电镀行业的技术标准、清洁生产标准、行业管理规范、排放标准、污染治理工艺技术等，形成电镀行业发展情况及环境污染防治调查分析总结报告。

3. 画出电镀锌工艺流程图，描述工艺过程并分析污染物及污染物的来源和去向。

4. 分析电镀污水处理技术及运行管理措施。如何确保电镀污水处理厂达标运行？

第六节　铸件制造污染防治

铸造车间主要生产各种铸件，采用黏土砂生产工艺。主要建筑物有铸造车间、锻造车间、模具制造车间、车间办公室及其他配套设施。

V 法生产厂安装两条 V 法生产线及其配套的辅助设施，主要用于生产开放式开炼机中少内腔或无内腔的中大型铸件，生产能力为 8000 t/a。同时设置一条树脂砂生产线，年产铸件 4500 t。消失模生产厂安装一条消失模生产线及其配套的辅助设施，主要用于生产开放式开炼机中复杂内腔的中小型铸件，生产能力为 3000 t/a。熔化厂房包括冲天炉区和中频炉区以及配套的辅助设施区，安装 7 t/h 冲天炉 2 套（一用一备），中频电炉 6 台。其中冲天炉主要用于铸铁件的熔化，中频炉用于铸钢件的熔化。锻造厂房安装空气锤 4 台，用于锻钢件的加工。

一、生产工艺过程

生产过程不涉及炼铁、炼钢，仅对废铁、废钢熔化后用于铸造。采用 V 法生产工艺、消失模生产工艺、树脂砂生产工艺和铸钢工艺。

（一）V 法生产工艺

V 法生产工艺流程及产污环节如图 1—30 所示。

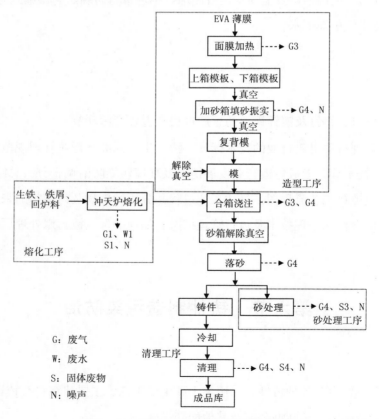

图 1—30　V 法生产工艺流程及产污环节

1. 熔化

采用 2 套 7 t/h 冲天炉（一用一备），冲天炉自带全封闭水冷系统，并配备自动配料及加料系统。

2. 造型

造型按铸件重量分级为小件造型和大件造型。

采用 1 条小件 V 法造型自动生产线,砂箱内腔尺寸为 2700 mm×1600 mm×450 mm 或 2700 mm×1600 mm×480 mm;采用 1 条大件 V 法造型自动生产线,砂箱内腔尺寸为 5900 mm×1900 mm×600 mm 或 5900 mm×1900 mm×400 mm。

3. 砂处理

各造型线均设置单独的砂处理系统造型配套,砂处理系统完成旧砂的回用处理,补充新砂,供给造型用砂。砂处理系统设备包括振动输送机、振动输送筛砂机、斗式提升机、悬挂磁选机、旧砂冷却床、皮带输送机和落砂斗等。

砂处理流程:落砂→格子板→螺旋输送机→筛分→斗式提升机→冷却床→斗提机→皮带输送机→造型机上方砂斗。

4. 清理

落砂后的铸件运至铸件冷却跨内进行集中冷却,冷却时铸件表面敷放砂子,使铸件缓冷。冷却至接近室温的铸件由叉车(中、小件)及电动平车(大件)运至清理跨进行清理,包括去除浇冒口、清砂、打磨,清理后的铸件由叉车或过跨平车运至铸件成品库房。

(二)消失模生产工艺

消失模车间由熔化、造型、砂处理、制模、清理五大生产工艺及辅助公用系统组成。消失模生产工艺流程及产污环节如图 1—31 所示。

1. 熔化

消失模生产工艺的熔化工序与 V 法生产线相同,利用冲天炉进行熔化。

2. 造型

消失模造型工序主要是将消失模置于砂箱内,加砂振实并抽真空。

3. 砂处理

消失模砂处理工序与 V 法砂处理基本一致,主要是将落砂经磁选后通过提升机输送到筛分机进行筛分,筛分后可利用的树脂砂通过砂冷却器冷却后,进入造型工段砂箱进行重复利用。

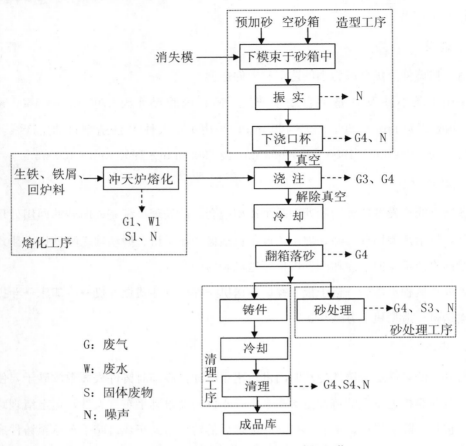

图 1—31　消失模生产工艺流程及产污环节

4. 制模

制模工艺主要包括预发泡、珠粒熟化、模片黏合、热风烘干等工序。制模工艺流程及产污环节如图 1—32 所示。

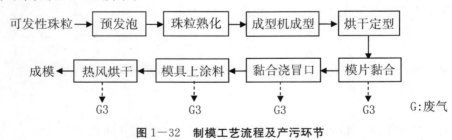

图 1—32　制模工艺流程及产污环节

5. 清理

铸件进入清理工序后集中冷却，去除浇冒口。去除浇冒口后的铸件经自然冷却，铸件表面清理采用 1 台连续式清理机。铸件的精准打磨采用变频式手提砂轮机在辊道上打磨，打磨后铸件成品由悬链送至成品库。

48

（三）树脂砂生产工艺

树脂砂铸造工艺和 V 法铸造工艺基本一致，其不同之处在于 V 法是采用负压铸造，其型砂不用黏结剂，使用干砂，而树脂砂铸造过程中采用固化剂进行固化。相比于 V 法铸造，树脂砂铸造使用固化剂固化会具有一定的强度，可形成复杂型腔。其生产过程中主要污染物为造型过程中产生的有机废气。

（四）铸钢工艺

铸钢采用中频炉进行熔化。铸钢工艺产污环节如图 1—33 所示。

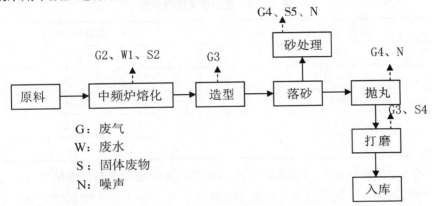

图 1—33 铸钢工艺产污环节

二、污染防治

（一）大气污染防治

大气污染物主要为冲天炉熔化及焦煤燃烧过程中产生的 SO_2 和烟尘，中频炉熔化产生的电炉烟气，造型过程中产生的有机废气，砂处理、抛丸、打磨工序产生的粉尘，蒸汽锅炉天然气燃烧废气。

1. 冲天炉熔化及焦煤燃烧过程中产生的 SO_2 和烟尘

冲天炉熔化过程中产生的 SO_2 和烟尘分别来自焦煤燃烧及生铁熔化。

2. 中频炉熔化产生的电炉烟气

中频炉熔化时，炉料中的碳氧化产生的 CO 在金属熔池中缓慢上升，当这种内压力较大的气泡上浮到金属与渣层或金属与炉气的界面时，由于压力突然下降，气泡发生破裂，气泡产生很大的加速度，随即夹带金属和炉渣的极细微粒发散出来。另外，废钢中的杂质也在高温下释放出来。在电炉内的高温下，金属升华到熔池表面之上，经氧化、冷却后形成粒径小于 $0.01\ \mu m$ 的氧化铁粒子，同时也有粉尘和铁锈随烟气一起排出。

烟尘的化学成分主要是氧化铁，电炉烟尘组分见表1—11，电炉烟尘粒径分布见表1—12。

表1—11　电炉烟尘组分

成分	含量（%）	成分	含量（%）
Fe_2O_3	36.0～48.4	挥发分	5.8～7.0
FeO	6.0～8.4	SiO_2	8.5～9.4
CaO	9.7～15.4	MnO	3.1～4.2
MgO	5.2～16.3	Cr_2O_3	1.5～2.3

表1—12　电炉烟尘粒径分布

粒径（μm）	百分数（%）
<10	1.4
10～40	20.1
40～80	43.5
80～125	18.6
>125	16.4

电炉烟气中尚有少量的二氧化硫和氮氧化物，其含量大小与废钢的质量直接相关。

电炉烟气治理：主要包括烟气的捕集和除尘，在电炉上方采用悬臂式顶吸罩集烟方式捕集，并按照《钢铁工业除尘工程技术规范》的要求，配套设置布袋除尘器系统除尘。顶吸罩集尘效率约为95%，捕集后烟气进入除尘系统（布袋除尘器效率按99.5%计），经 15 m 高排气筒排放。未被捕集的5%烟尘在车间无组织排放，通过加强车间通风换气和车间屋顶排风设计等措施，减少烟尘对车间环境的影响。

3. 造型过程中产生的有机废气

在造型工序中使用的型砂含呋喃树脂，由于呋喃树脂中含有游离的甲醛，故在翻砂和造型过程中会释放出含甲醛的有机废气，同时在高温浇铸过程中会释放出有刺激性气味的酚醛气体。

4. 砂处理、抛丸、打磨工序产生的粉尘

在砂处理、抛丸、打磨过程中均会产生粉尘，可配备再生除尘系统，采用袋式除尘器，砂处理粉尘经 15 m 高排气筒排放。

5. 蒸汽锅炉天然气燃烧废气

蒸汽锅炉采用天然气为燃料。天然气燃烧废气中的污染物主要为 NO_2、SO_2 和烟尘。废气经 15 m 高排气筒排放。

铸造车间卫生防护距离为 44.23 m，按照级差规定，确定工程卫生防护距离为以铸造厂房为中心 50 m 范围内。

（二）水污染防治

产生的废水为冷却循环水和员工少量生活污水。

生产废水为设备冷却水，该冷却水循环使用，不外排。生活污水经厂区生活污水预处理池处理后用于厂区绿化。

（三）噪声污染防治

主要产噪设备及其噪声源强见表1—13。

表1—13　主要产噪设备及其噪声源强

序号	设备名称	噪声源强〔dB（A）〕	噪声性质	噪声防治措施
1	冲天炉风机	118	空气动力噪声、机械噪声	加装消声器
2	空压机	92.3	空气动力噪声、机械噪声	设置空压机房、消声器
3	落砂机	105	机械噪声	合理布局、基础减震
4	循环水泵	78.7	机械噪声	设置循环水泵房
5	开箱风机	78.1～79.8	空气动力噪声、机械噪声	加装消声器
6	抛丸机	87.6	机械噪声	合理布局、基础减震
7	汽铲风镐	93.4	机械噪声	合理布局、基础减震
8	砂轮打磨机	94.4	机械噪声	合理布局、基础减震
9	锻造车间空气锤	110	机械噪声	合理布局、基础减震

在生产过程中对生产车间及设备本身采取了隔声、基础减震措施，对产噪较大的设备采用消声器隔声降噪措施；同时加强设备的维护，使设备在正常情况下运转，防止设备异常运行造成的噪声污染。在平面布置中将产噪较大的机械设备尽可能布置在场内距厂界较远的地方。

（四）固体废物污染防治

产生的固体废物主要包括冲天炉炉渣、中频炉炉渣、烟气除尘灰渣、铁渣和浇冒口、旧砂、生活垃圾以及生活污水处理系统产生的污泥。

1. 冲天炉炉渣

冲天炉采用焦煤掺杂石灰石燃烧，炉渣的主要成分为石灰石渣和煤渣，可外售作为建筑材料处理。

2. 中频炉炉渣

炉渣的主要成分为 CaO、SiO_2、Fe_2O_3 等，为高温氧化产物，化学稳定性好，可外售制水泥或路面铺设。

3. 烟气除尘灰渣

主要成分为高温氧化产物，化学稳定性好，可外售制水泥或路面铺设。

4. 铁渣和浇冒口

产生于工程浇筑、打磨过程中，铁渣通过磁选后与浇冒口一起回用于冲天炉，作为原料使用。

5. 旧砂

通过四级再生机处理后回用，不外排。

6. 生活垃圾

生活垃圾主要来源于办公楼。办公楼产生的生活垃圾成分较简单，为一般固体废物，交垃圾处理厂处理。

7. 生活污水处理系统产生的污泥

生活污水经厂区生活污水预处理池处理后用于厂区绿化及周围农田灌溉，产生的污泥与生活垃圾一起处理。

固体废物排放及处置措施见表1—14。

表1—14　固体废物排放及处置措施

固体废物编号	污染物名称	毒性类别	处置措施
S1	冲天炉炉渣	一般固废	外售
S2	中频炉炉渣	一般固废	外售
S3	烟气除尘灰渣	一般固废	外售
S4	铁渣和浇冒口	一般固废	作为原料回用于冲天炉
S5	旧砂	一般固废	再生后回用
S6	生活垃圾	一般固废	交垃圾处理厂
S7	生活污水处理系统产生的污泥	一般固废	

（五）地下水污染防治

地下水污染主要来自生活污水预处理池、埋地管道。为了防止对地下水环境造成污染，生活污水预处理池采用钢筋混凝土结构，并对地埋式排水管道做好防腐、防渗工作。

三、清洁生产

（一）原材料分析

所使用的原料主要为废旧钢铁，其原料中含硫量小于0.05%，生产中因原料带入的硫的输入量较小。用此原料生产的铸造产品具有含硫等有害物质较低的优点。

（二）清洁生产工艺分析

实现经济运行的"低消耗、高利用、低废弃"，最大限度地利用进入系统的物质和能量，提高资源利用率；最大限度地减少污染物的排放，提升经济运行的质量和效益，将经济活动对自然环境的破坏减少到最低程度。对"三废"进行治理并达标排放。实现资源的综合利用，减轻环境污染，遵循清洁生产原则，清洁生产水平应达到国内先进水平。

结合工程的实际情况提出如下建议：

（1）加强基础管理，提高企业管理水平，对原燃料、电、生产水等所有物料进行有效管理，实行节奖超罚等管理手段，逐步减少原辅材料及能源的消耗，降低成本。

（2）加强企业环境管理，逐步实现对各个产污环节（废水、废气、固体废物等）的有效监控。

（3）制定切实可行的环保管理措施及制度，加强环保知识的宣传和教育。实践证明，工业生产对环境影响的大小，很大程度上取决于企业管理人员的环境意识和环境管理，尤其是环保设施运行管理、维护保养及检查监督制度的严格执行，确保污染物达标排放。

（4）在厂区的绿化方面，建设单位可进一步努力，在厂界种植高大树木，起隔声、降噪作用；进一步提高绿化面积，利用树木、草地吸收有害气体，放出氧气，净化环境。

（三）环境保护措施

存在的主要风险物质是氧割过程中使用的氧气和乙炔以及厂区使用的天然气，均存在易燃易爆的危险因素，增加环境保护措施，消除隐患。环境保护措施见表1—15。

表1—15　环境保护措施

项目	位置	环保设施
废气治理	冲天炉	"碱水喷淋脱硫除尘＋低阻旋风除尘器＋布袋式除尘器" 1 套
	中频炉	"悬臂式吸顶密闭罩＋布袋除尘器" 2 套
	V法生产线	布袋式除尘器 2 台
	树脂砂生产线	再生除尘系统 2 套
		落砂除尘系统 1 套
	消失模生产线	脉冲袋式除尘器 1 台
	车间	车间通风换气
废水治理	生活污水	生活污水预处理池，钢筋混凝土结构，内表层防腐，容积为 20 m³

项目	位置	环保设施
固体废物处置	固废堆放场所	厂区内修建一个临时固废储存地
噪声治理	生产车间	厂房隔声、合理布局、基础减震、风机加装消声器
厂区绿化		厂区绿化
环境管理及监测		环保标志牌，厂区大气、地表水、噪声监测

习题

1. 论述 V 法生产工艺、消失模生产工艺、树脂砂生产工艺、铸钢工艺的过程及特征。

2. 简述铸件制造过程的主要污染现象及防治对策分析。

3. 铸造行业准入条件的主要内容是什么？

4. 铸造行业管理及污染防治相关政策标准规范是什么？

第七节　半挂车制造污染防治

挂车是指由汽车牵引而本身无动力驱动装置的车辆，它只有与牵引车或其他汽车一起才能组成完整的运输工具。挂车的特点是本身无动力，独立承载，依靠其他车辆牵引才能正常使用，用于载运人员或货物，具有特殊用途。挂车分为全挂车和半挂车。全挂车是指由牵引车牵引且其全部质量由本身承受的挂车。半挂车是指由牵引车牵引且其部分质量由牵引车承受的挂车。

一、生产工艺过程

半挂车的主要部分为大梁、车架、箱板、下盘，加工工艺为切割、剪板、焊接组装，然后将外购的各种零部件（合页、把手等）焊接组装，随后喷砂、喷漆、烘干，最后螺丝组装（车灯、车轴及轮胎等），并贴好反光膜。在生产工艺中不涉及酸洗、磷化、钝化和电镀等表面处理工序，有喷漆加工。

半挂车生产工艺流程及产污位置如图 1—34 所示。

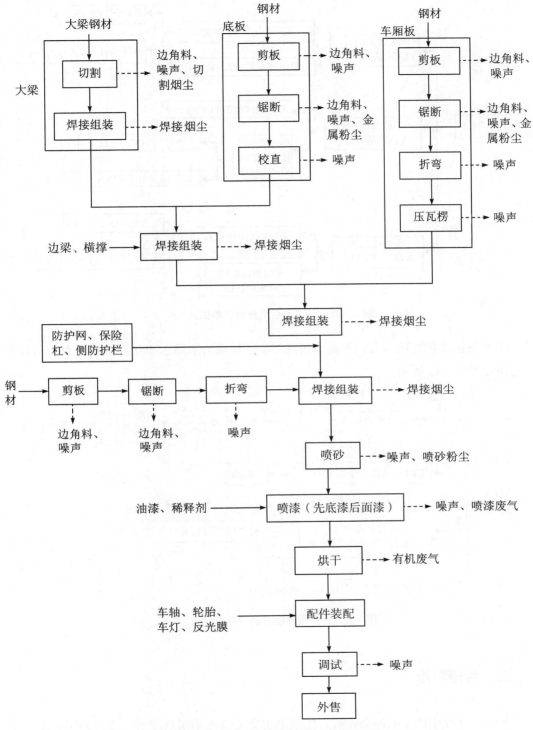

图 1-34　半挂车生产工艺流程及产污位置

VOCs 平衡分析如图 1-35 所示。

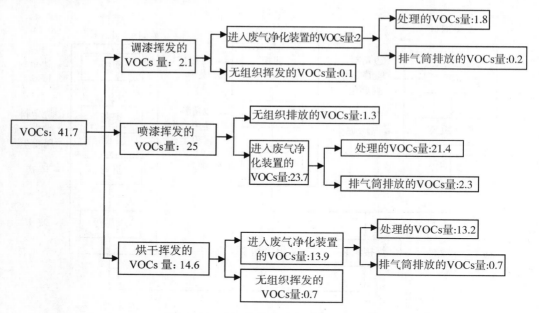

图1—35 VOCs平衡分析（单位：t/a）

用水包括漆雾处理用水、等离子切割用水、地面清洁用水和办公生活用水。水量平衡分析如图1—36所示。

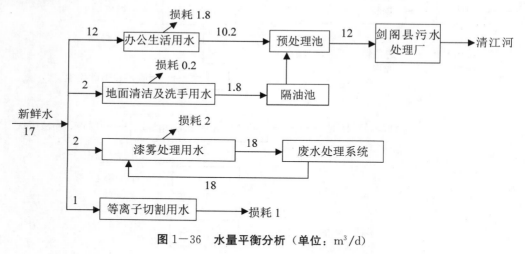

图1—36 水量平衡分析（单位：m³/d）

二、污染防治

在生产过程中产生的污染物有：①废水主要为等离子切割废水、漆雾处理废水、生活污水和清洁废水等；②废气主要包括工艺废气（如喷砂粉尘、焊接烟尘等）；③噪声主要包括各类设备噪声；④固体废物主要是废边角料、焊渣、废钢砂、废包装材料、除尘器收集粉尘、漆渣、废过滤棉、废机油/润滑油/液压油、废含油手套、生活垃圾等。

（一）大气污染防治

废气主要包括焊接烟尘、切割烟尘、喷砂粉尘、调漆和喷漆废气、烘干有机废气和天然气燃烧废气等。

1. 焊接烟尘

焊接烟尘是由金属及非金属在过热条件下产生的蒸发气体经氧化和冷凝而形成的。焊接烟尘的化学成分取决于焊接材料（焊丝、焊条、焊剂等）和被焊接材料的成分及其蒸发的难易，主要成分是 CO、NO_2、锰烟等。

不同成分的焊接材料在施焊时产生不同成分的焊接烟尘，本项目采用的焊接工艺主要为埋弧焊和 CO_2 气体保护焊，焊接过程中会产生焊接烟尘和有害气体。焊接烟尘主要含有 Fe_2O_3、SiO_2、MnO，有害气体主要为 CO、O_3，所用焊丝不含其他重金属等有害物质。

具体措施如下：

（1）CO_2 气体保护焊。

各个焊接工位处设置吸气罩，将焊接烟尘抽至固定式焊接烟尘净化器处理，处理后的尾气经 15 m 高排气筒排放。

未捕集的烟尘在车间无组织排放，通过加强车间通风换气、车间和屋顶轴流风机排风设计等措施减少烟尘对车间环境的影响，厂房全室通风换气次数为 3～4 次/h。

（2）埋弧焊。

埋弧焊机焊接过程中采用自带的焊烟净化机进行净化，净化效率可达到 90％。焊接烟尘经焊机自带的焊烟净化机净化后，通过通风管道及风机引至车间外排气筒排放。

2. 切割烟尘

等离子切割作业时产生少量烟尘（金属粉尘），切割时可采用水作为冷却及抑尘介质。

3. 喷砂粉尘

在专用喷砂房内进行，风机将粉尘抽至布袋除尘器内，除尘后尾气经 15 m 排气筒排放。

4. 调漆和喷漆废气

喷涂过程中，油漆经过喷枪雾化成微粒，其中部分油漆堆积在工件上形成涂膜，另一部分油漆微粒和溶剂雾化后形成二相悬浮物，即过喷漆雾，逸散到周围环境中。

喷漆房负压吸风，喷漆废气抽至水帘除尘设施内去除漆雾，随后引至"两级挡水板

+纤维棉吸附"除水雾，然后进入"沸石转轮吸附+RTO 燃烧"装置处理，最后经 15 m 高排气筒排放。

5. 烘干有机废气

设置密闭烘干房，废气经 TNV 焚烧装置处理后，由 15 m 高排气筒排放。

6. 天然气燃烧废气

涂装车间烘干房配套安装热风炉、有机挥发物焚烧装置，燃料使用天然气。天然气属于清洁能源，能够实现达标外排。

（二）水污染防治

1. 等离子切割废水

等离子切割机下方设置有水池（钢结构），水起冷却及抑制烟尘的作用。切割用水循环使用，不外排，按需补充用水。

2. 漆雾处理废水

可以采取以下的措施：

（1）设置地埋式废水处理池 3 个，其中 1 个絮凝沉淀池、1 个气浮池、1 个清水池，产生的水幕除尘水每天经"絮凝+气浮法"的方式处理后回用于水幕除尘工序。

（2）漆渣定期打捞，交给具有相应资质的单位统一处理。

（3）水幕除尘水虽然可以循环使用，但长期使用后，水中的污染物浓度不可避免有所增加，需定期对该池水进行更换，约 1 年更换 1 次，作为危险废物交给具有相应资质的单位进行处理。

生产废水处理设施工艺流程如图 1—37 所示。

图 1—37　生产废水处理设施工艺流程

3. 车间及厂区清洁废水

车间及厂区地坪清洁以拖、擦为主，局部冲洗为辅，主要污染物为 SS、石油类。

在厂区设隔油池 1 个，容积为 5 m³。车间清洁废水经隔油池处理后，排入预处理池内，经预处理池处理后需达到《污水综合排放标准》（GB 8978—1996）。

废水治理和排放情况见表 1—16。

表 1-16 废水治理和排放情况

序号	污染物名称	防治措施
1	漆雾处理废水	采用"絮凝＋气浮法"处理后循环使用；漆雾处理废水 1 年更换 1 次，作为危险废物交给具有相应资质的单位进行处理
2	等离子切割用水	水起冷却及抑制烟尘的作用，切割用水循环使用，不外排，按需补充用水
3	车间及厂区清洁废水	新增车间隔油池，隔油池处理后排入预处理池
4	生活污水	经预处理池（1 座，有效容积为 20 m³）处理后，外排市政污水管网

地下水污染防治措施如下：

（1）危险废物暂存间、喷漆房、烘干房、油漆稀释剂库房的地面增加环氧树脂防渗膜，使污染防渗区域地面渗透系数≤10^{-10} cm/s，切断污染地下水的途径。

（2）漆雾处理废水的输送全部采用管道，管道采用管道沟进行表面敷设，有利于渗漏的检查和处理；管道材料应视输送介质的不同选择合适材质，并做表面防腐、防锈蚀处理，减轻管道腐蚀造成的渗漏；定期检查，确保消除跑、冒、滴、漏现象的发生。絮凝沉淀池、气浮池、清水池的池底及池壁采用水泥硬化＋土工布＋2 mm 厚 HDPE 膜处理，使污染防渗区域地面渗透系数≤10^{-10} cm/s，切断污染地下水的途径。

（3）车间隔油池底、侧面均采用水泥硬化＋土工布＋2 mm 厚 HDPE 膜处理；接缝和施工方部位应密实、结合牢固，不得渗漏；预埋管件、止水带和填缝板要安装牢固，位置准确；每座水池必须做满水试验，质量达到合格，使污染防渗区域地面渗透系数≤10^{-10} cm/s，切断污染地下水的途径。

（4）对危废暂存间设置明显的标识标牌。

（三）噪声污染防治

生产过程中产生噪声的设备较多，主要有数控切割机、焊接机、锯床、喷砂机、剪板机、空压机、风机等。

降噪措施如下：

(1) 设置基础减震，可防止设备异常振动，减少设备扰动噪声5～10 dB（A）。

(2) 主要设备布置在厂房内，以厂房进行隔声。厂房隔声降噪可达 15～20 dB（A）。

(3) 放置强声源设备的房间应做密闭处理，远离工厂围墙。除了采用减震措施，必要时还应采用吸声措施。吸声材料可降噪 5～10 dB（A）。

(4) 对风机的主排风管、通风机和空压机等的进出风管均安装消声器。消声器可降噪 10～20 dB（A）。

（5）在厂界四周特别是靠近强噪声源的车间设实体围墙，墙内设绿化带，可隔声降噪 15～20 dB（A）。

（6）对于机械通风和排风装置风管连接用软接头。

（7）强化设备的运行管理，以降低噪声的影响。通过建立设备的定检制度，合理安排大修、小修作业制度，确保各设备系统的正常运行。

主要设备噪声源强及治理措施见表 1—17。

表 1—17　主要设备噪声源强及治理措施

序号	名称	数量	声级（dB）	治理措施	治理后声级（dB）
1	数控切割机	1	85	低噪声设备、隔声，减震垫	≤75
2	大梁埋弧焊	1	80	低噪声设备、隔声，减震垫	≤65
3	锯床	2	90	低噪声设备、隔声，减震垫	≤70
4	液压板料折弯机	1	80	低噪声设备、隔声，减震垫	≤65
5	喷砂机	1	70	低噪声设备、隔声，减震垫	≤55
6	矫直机	1	70	低噪声设备、隔声，减震垫	≤55
7	剪板机	1	80	低噪声设备、隔声，减震垫	≤70
8	焊接机	1	70	低噪声设备、隔声	≤70
9	空压机	2	90	低噪声设备、隔声	≤70
10	风机	4	80	低噪声设备、隔声	≤60

（四）固体废物污染防治

产生的主要固体废物分为一般固废和危险固废。一般固废产生及治理措施见表 1—18。危险固废产生及治理措施见表 1—19。

表 1—18　一般固废产生及治理措施

固体废物名称	废物性质	来　源	治理措施
废边角料	一般废物	下料、机加工等工序产生的废边角料，主要为废钢铁	集中收集后外售至废品回收站
焊渣		焊接过程中产生的焊渣、废焊丝，主要为含铁物料	
废钢砂		喷砂机钢砂定期更换后产生的废钢砂	
废包装材料		废包装材料主要为废纸板	
除尘器收集粉尘		焊接烟尘及喷砂收集粉尘，主要成分为铁屑	
生活垃圾		员工日常活动	环卫部门统一清运

表 1－19　危险固废产生及治理措施

固体废物名称	废物性质	来源	治理措施
废过滤棉	危险废物 HW49	产生于喷漆废气处理工段	暂存于危险固废暂存间，由厂家回收利用
废油漆/稀释剂桶	危险废物 HW12		
废机油/润滑油/液压油	危险废物 HW08	机器设备维修保养	由专用桶收集后暂存于危险固废暂存间，再交给具有相应资质的单位处理
废含油手套、棉纱	危险废物	清洁设备表面油污	

危险固废暂存防治措施如下：

（1）危险固废暂存间应建有堵截泄漏设施，设有隔离设施和防风、防晒、防雨设施，并设置标识牌。

（2）存放半固体危险废物容器的地方，地面还需有耐腐蚀措施，且表面无裂痕。

（3）不相容的危险固废堆放区应隔断。

（4）严禁将固体废物、危险固废随意露天堆放，其收集桶或箱的放置场所要进行防渗、防漏处理，防止污染地下水。

（5）厂内贮存危险固废的容器上必须粘贴危险固废标签，容器材质与危险固废本身相容（不相互反应）。

（6）做好危险固废情况的记录，记录上需注明危险固废的名称、来源、数量、特性、包装容器的类别、入库日期、存放库位、出库日期和接收单位名称。建立危险固废台账，并依据台账做好危险固废的申报登记工作。

危险固废在厂区内设置危险固废暂存间进行分类、分区暂存后，定期委托具有相应资质的单位进行安全处理。

厂区内危险固废从产生环节收集后运输到危险固废暂存间的过程中应加强管理，避免沿途散落、泄露。

产污环节一览表见表 1－20。

表 1－20　产污环节一览表

类别	产生环节	污染物
废气	表面喷砂	金属粉尘
	喷漆	VOCs、漆雾
	烘干	VOCs
	焊接	焊接烟气
	切割	切割烟尘

类别	产生环节	污染物
固体废物	喷漆	漆渣
		废油漆桶、废稀释剂桶
	装配	废包装材料
	设备维护	废含油手套、棉纱
噪声	设备维护	废机油、废润滑油、废液压油
	机械加工、喷砂等工序	切割机、折弯机、剪板机、空压机等设备
其他	生活办公	生活污水
	漆雾处理	漆雾处理废水
	地面清洁	地面清洁废水
	切割	切割降尘用水

三、环境风险

环境风险主要来自油漆及稀释剂等含有机溶剂的物料储存、使用的涂装车间、危险化学品库，但是不构成重大危险源。主要的防范措施是建设单位在雨水管网、污水管网的厂区出口处设置事故应急闸门，发生事故时及时关闭闸门，防止泄漏液体流出厂区。另外，危险化学品库等储存场所做好防火、防爆、通风、地面硬化等防渗措施，减少事故排放引起的环境污染。

修建 1 个 100 m³ 的事故应急池，满足发生一次火灾时产生的消防废水量和物料泄漏量，同时考虑排放污水量的收集。

习题

1. 绘制半挂车生产工艺流程图，并能描述工艺流程。

2. 复核计算 VOCs 平衡和水量平衡情况。

3. 分析沸石转轮吸附＋RTO 燃烧技术原理及组成，调研该技术应用概况及技术优缺点和适用范围。

4. 分析 TNV 焚烧装置技术原理。

5. 分析絮凝＋气浮法技术原理。

第八节 涂料制造污染防治

涂料是常用产品,高固体醇酸磁漆用于中等腐蚀环境下的钢板或木质结构的内、外表面,水性涂料用作木质门、钢质门及其他用途的涂装,漆用包装桶用作填装项目生产的色漆。

一、生产工艺过程

(一)醇酸树脂生产工艺

醇酸树脂的生产采用溶剂聚合法工艺,全过程需 8~10 h,生产反应条件相对温和(反应压力为常压,反应温度低于 230℃),反应过程简单,条件控制容易;通过控制反应时间和温度终止反应,不需要终止剂。醇酸树脂生产工艺流程及产污环节如图 1—38 所示。

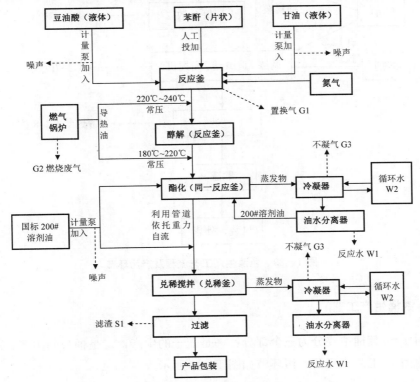

图 1—38 醇酸树脂生产工艺流程及产污环节

（二）色漆生产工艺

项目共生产五类色漆，分别为醇酸漆、酚醛漆、环氧漆、氨基漆、聚酯漆。其中，醇酸漆包括醇酸磁漆、醇酸调和漆、醇酸底漆，酚醛漆包括酚醛防锈漆、酚醛调和漆，环氧漆包括环氧富锌底漆、环氧云铁中间漆、环氧沥青漆，氨基漆包括氨基烘干漆、氨基自干漆、银灰氨基锤纹漆。色漆生产工艺流程及产污环节如图1—39所示。

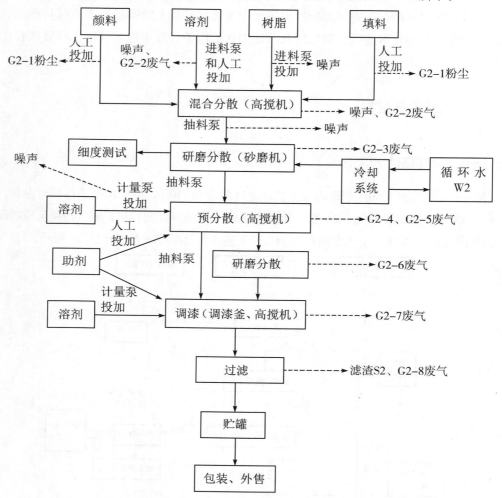

图1—39　色漆生产工艺流程及产污环节

（三）铁桶生产工艺

目前生产包装桶主要分为三个部分：一是盖子的生产，二是桶身的生产，三是桶的组装。铁桶生产工艺流程及产污环节如图1—40所示。

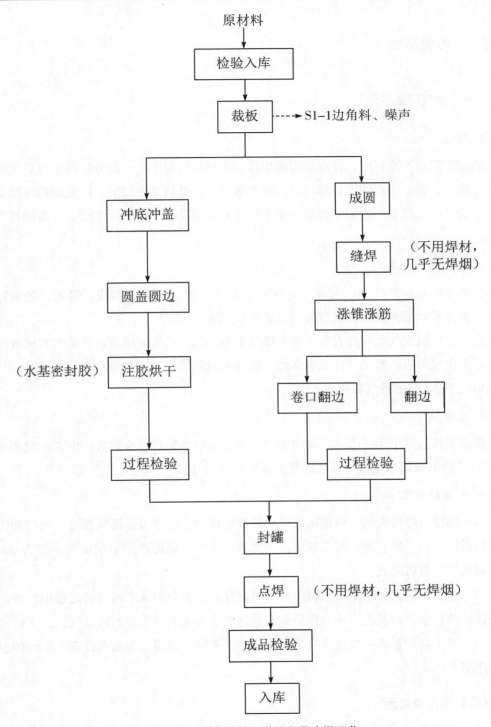

图 1—40 铁桶生产工艺流程及产污环节

二、污染防治

(一)大气污染防治

1. 含尘废气

色漆车间生产涂料时,在向高搅机中投加粉料的过程中,一部分粉料会以粉尘的形式扬散出来。各产尘点均设置集气罩,集气罩形式选择局部密闭罩。产生的粉尘经集气罩集中收集后,经布袋除尘器处理的效率能达到97%以上,处理后经20 m高的排气筒排放。

2. 挥发性有机废气

色漆车间在生产涂料的过程中,在原料搅拌分散、研磨、调漆、过滤、包装过程中,一部分有机溶剂会以有机废气的形式挥发出来。

在产生有机废气点均设置集气罩,集气罩形式选择局部密闭罩,产生的有机废气经集气罩集中收集后,经"紫外光氧催化+活性炭吸附塔"处理的效率能达到90%以上,处理后经20 m高的排气筒排放。

3. 食堂油烟

食堂烹饪过程中会产生一定量的油烟废气。油烟经集气罩收集后,由去除效率不低于60%的静电油烟净化器处理达标后引至屋顶高空外排。

4. 无组织废气

(1)储罐区呼吸废气。储罐区无组织排放形成的主要原因是罐区管道、阀门和机泵等连接设备因跑、冒、滴、漏形成泄漏型无组织排放。储罐区排放的废气主要为200♯溶剂油挥发的有机废气。

(2)色漆车间无组织排放的粉尘及有机废气。主要为色漆车间投料过程中产生的无组织排放的粉尘,以及色漆车间投料和灌装过程中无组织排放的有机废气。

(3)卫生防护距离。以色漆一车间、色漆二车间、储罐区为源点设置100 m的卫生防护距离。

(二)水污染防治

废水主要为循环水排水、反冲洗水和生活污水等。

1. 循环水排水

循环冷却水主要用于生产过程中工艺降温、设备冷却等环节,主要污染物为SS,

可直接排入清净下水系统。

2. 反冲洗水

制备纯水过程中会涉及纯水设备的反冲洗，纯水设备每一个月冲洗一次。反冲洗水中主要污染物为 pH、SS。由于反冲洗过程中会使用少量的硫酸和氢氧化钠，故将反冲洗后的废水经调节 pH 后，与生活污水一并排入预处理池统一处理。

污水处理厂工艺流程如图 1—41 所示。

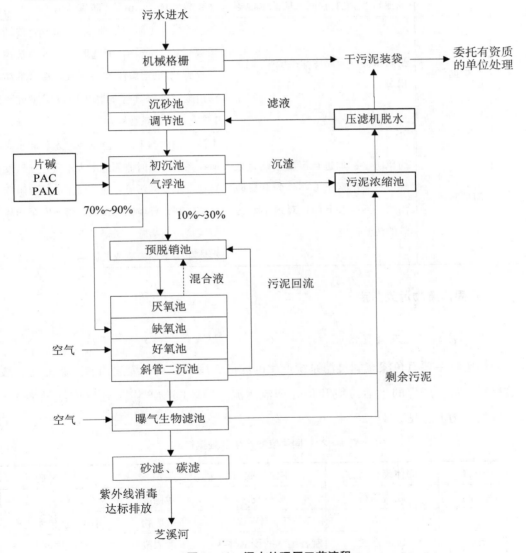

图 1—41 污水处理厂工艺流程

地下水防渗措施见表 1—21。

表 1－21　地下水防渗措施

序号	区域	防渗地点	防渗措施
1	重点防渗区	树脂车间、色漆一车间、色漆二车间、制罐车间、技术检测中心、粉料库、锌铝粉库、甲类库房、储罐区、预处理池（化粪池与隔油池）、危废暂存间、应急水池等	要求等效黏土防渗层厚度≥6.0 m，渗透系数≤10^{-7} cm/s。可以采用刚性＋柔性防渗措施，采用 P8 等级混凝土（渗透系数≤10^{-8} cm/s）＋2 mm HDPE 膜（渗透系数≤10^{-12} cm/s）防渗结构
2	一般防渗区	消防水池（循环冷却系统）、锅炉房等	要求等效黏土防渗层厚度≥1.5 m，渗透系数≤10^{-7} cm/s。可选取 15 cm 厚抗渗系数为 P8 的混凝土作为一般防渗区的防渗措施，确保其等效黏土防渗层厚度≥1.5 m，渗透系数≤10^{-7} cm/s
3	简单防渗区	简单防渗区均进行混凝土硬化处理，只需用素土夯实作为基础防渗层，不采取专门针对地下水污染的防治措施	上游、侧向和下游建立地下水水位和水质监控系统，适时监测地下水水质，一旦发现地下水受到污染，应及时采取必要阻隔措施。制订环境应急预案，落实安全和环境风险防范措施，减轻对下游地表、地下水体和生态环境造成的影响

（三）固体废物污染防治

1. 固体废物产生及处置情况

固体废物主要有色漆车间过滤系统产生的滤渣、废活性炭、废边角料、废滤芯、废包装材料、员工产生的生活垃圾和预处理池污泥。固体废物产生及处置措施见表1－22。危险废物汇总见表1－23。

表 1－22　固体废物产生及处置措施

产生位置	固体废物名称	主要组成	类别	处置措施
制罐车间	废边角料	废铁皮	一般固废	外售
色漆车间	滤渣	漆渣（HW12）	危险废物	回用于水包漆生产
	废活性炭	制备纯水的废活性炭	一般固废	由厂家回收
	废滤芯	滤网等	一般固废	由厂家回收
化验室	检验固废	漆渣等（HW12）	危险废物	回用于水包漆生产
原材料库	废包装材料	纸箱等	一般固废	外售

产生位置	固体废物名称	主要组成	类别	处置措施
废气处理装置	废活性炭	废活性炭（HW49）	危险废物	交给具有相应资质的单位进行处理
生活区	生活垃圾	生活垃圾	一般固废	送市政环卫部门处理
	预处理池污泥	污泥	一般固废	
	餐厨垃圾（包含废油脂）	食物残渣	一般固废	作为动物饲料

表1—23　危险废物汇总

序号	危险废物名称	危险废物类别	危险废物代码	产生工序及装置	形态	主要成分	有害成分	产废周期	危险特性	污染防治措施
1	废活性炭	HW49	900—039—49	废气处理活性炭吸附塔	固态	有机废物	有机物	间歇	毒性 T	收集后在危险废物暂存间暂存，定期送危险废物处置单位处理
2	漆渣	HW12	264—011—12	过滤和检验	固态	有机废物	有机物	间歇	毒性 T	收集后，作为水包漆的原料

2. 危险废物的产生及处置

（1）危险废物各贮存设施的设计满足《危险废物贮存污染控制标准》中防渗、防风、防雨、防晒等相关要求。

（2）做好对危险废物暂存间的通风换气措施，危险废物暂存间周围设截流沟和挡墙等阻隔设施。

三、环境风险

潜在的风险事故类型主要为来自溶剂油储罐、甲类库房、树脂车间、色漆车间的泄漏，其中对外部环境可能造成风险影响的危险源主要是 200♯溶剂油发生泄漏后引发的火灾及挥发的废气。

（1）有毒有害物质的防范措施：对装置的设备、管道要严防"跑、冒、滴、漏"，工艺生产在密闭条件下进行。对可能产生泄漏的设备、管道在满足工艺条件的情况下，让厂房具有良好的通风性，能有效避免有毒有害物质在厂房内的富集，总图布置遵守规范要求，布局要安全，装置区内外道路畅通。

（2）化学腐蚀防范措施：醇酸树脂生产过程中需使用苯酐作为反应的原料，具有一定的腐蚀性，反应釜采用不锈钢材质，故不需要做特殊的防腐蚀处理。

（3）静电、雷电防范措施：生产装置内设计静电接地，具有火灾爆炸危害场所及静电危害人身安全的作业区、金属用具等均设接地，厂房设防雷装置。

习题

1. 分析醇酸树脂生产工艺及色漆生产工艺，并对工艺流程进行论述。

2. 探讨紫外光氧催化＋活性炭吸附塔组合技术原理、应用范围和主要控制技术参数。

3. 分析固体废物产生情况，对固体废物和危险废物提出合理的管控对策。

第九节 饲料生产污染防治

年生产饲料 20 万吨的生产过程涉及预处理池、隔油池、布袋除尘器、光解除臭装置和油烟净化装置。

一、生产工艺过程

饲料加工生产采用粉碎后物理混合的方法，生产环节不涉及化学加工。饲料生产在成套设备中进行。饲料加工流程及产污位置如图 1—42 所示。

1. 原料的储存

主要原料为玉米、小麦、豆粉和大豆等。散装原料由汽车运输至厂区，用平板车运回库房，卸至库房卸料坑；袋装原料码存在库房。

2. 原料的粉碎

加工厂所生产的饲料均为颗粒料。各种物料由地磅或台秤计量后，由人工加至给料机，进入粉碎机进行粉碎。给料机进口处设有磁选机，对原料进行除铁。粉碎后的物料进入配料系统，进行电脑配料。

3. 混合

配料好的物料进入混料机，进行混合搅拌。混合过程在封闭的混合间内进行，在达到预定的混合时间，即混合均匀度达到要求时，打开卸料门卸料至缓冲仓，落入成品刮板式输送机，送至斗式提升机入口，升运至混合料仓储存，至下一工序。

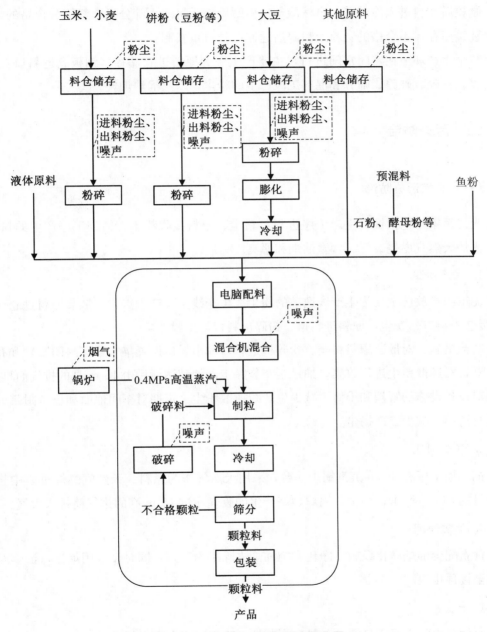

图1—42 饲料加工流程及产污位置

4. 制粒

制粒工段是把混合均匀的配合饲料通过制粒机的高温蒸汽调质和强烈挤压压制成颗粒，然后经过冷却、破碎和筛分，即成颗粒料成品。高温蒸汽由1台3 t/h的蒸汽锅炉提供。

5. 冷却和筛分

制粒后物料进入冷却筒，自然冷却后由螺旋输送机送入筛分机，经筛分合格的颗粒直接装袋库存，不合格的颗粒经粉碎后返回制粒机重新制粒。

整个生产环节在密闭空间进行，主要产尘源为原料进仓储存（钢板仓进料口）、原料接收、粉碎、破碎、筛分和混料工段产生的粉尘，以及锅炉烟气。

二、污染防治

（一）大气污染防治

废气污染物包括饲料生产工序进料口粉尘、原料接收粉尘、粉碎工序产生的粉尘、燃气锅炉天然气燃烧废气、食堂油烟和恶臭。

1. 生产粉尘

无组织排放源主要为生产线逸散的粉尘。生产线主要产尘点位：散装原料进仓储存（钢板仓进料口）粉尘，原料进料口、粉碎出料口等工段逸尘。

防治措施：对散装原料料仓、粉碎机进料口和出料口设置集气罩（封闭罩）和布袋除尘器，对逸散粉尘进行收集，抽送至布袋除尘器处理达标后由 15 m 高的排气筒排放。加强对设备设施的管理和维修，减少生产线逸散粉尘；定期对车间地面和设备附带的粉尘进行清扫，减少二次扬尘。

2. 锅炉烟气

饲料加工厂有 3 t/h 蒸汽锅炉一台，采用天然气作为燃料。天然气燃烧过程中将产生少量的 SO_2、NO_2、烟尘，锅炉燃烧产生的废气通过 15 m 高的排气筒排入大气。

3. 食堂油烟

食堂配套油烟净化设施，净化设施油烟去除率≥75％，同时设专用烟道，油烟经烟道引至楼顶排放。

4. 恶臭

原材料中的主要恶臭源为鱼粉等，制粒、冷却工序会产生恶臭。

防治措施：鱼粉采用进口产品，其是由新鲜鱼直接进入生产线制成鱼粉，大大减小了异味的产生。将鱼粉存储在密闭的房间内，不能随意堆放。生产车间及厂房周围采取绿化等措施吸收和阻挡恶臭气体外散，使厂界达到《恶臭污染物排放标准》（GB 14554—93）排放限值要求。采取光解除臭装置进行处理后，生产车间采取密闭措施，减少恶臭气体对周边环境的影响。

（二）废水污染防治

污水处理厂采用以改良氧化沟为主体的污水处理工艺，利用连续环式反应池（Cintinuous Loop Reator，CLR）作生物反应池，如图1—43所示。

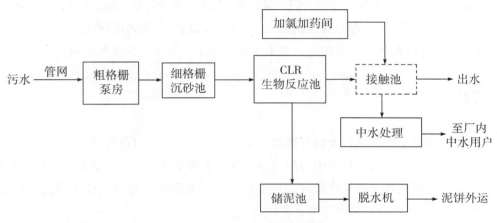

图1—43　污水处理工艺流程

（三）固体废物污染防治

固体废物主要为收尘灰、废包装材料、生活垃圾、预处理池污泥、废机油、检验中心固体废物。固体废物产生及处置措施见表1—24。

表1—24　固体废物产生及处置措施

编号	污染物名称	来源	性质	处置措施
1	收尘灰	饲料生产过程	一般固废	返回生产线进行利用
2	废包装材料		一般固废	售予废品收购站
3	预处理池污泥		一般固废	由环卫部门统一清运，送至当地垃圾处理站处理
4	生活垃圾	职工生活垃圾	一般固废	
5	废机油、检验中心固体废物	维修车间	危险废物	交给具有相应资质的单位处理

危险废物暂存间地面用坚固的防渗材料建造。备有防风、防晒、防雨设施基础防渗层为黏土层的，其厚度应在1 m以上，渗透系数≤10^{-7} cm/s；固体废物暂存区域有耐腐蚀的硬化地面，地面无裂缝；衬层上建有渗漏液收集清除系统；危险废物贮存管理、安全防护及应急措施遵循《危险废物贮存污染控制标准》（GB 18597—2001）等规定。

（四）地下水污染防治

为了预防对地下水的污染，各单元进行分区防渗处理。

重点防渗区：机修车间、危险废物暂存间、检验中心做重点防渗，采用水泥混凝土＋树脂防渗，渗透系数$\leq 10^{-7}$ cm/s。

一般防渗区：生产车间、库房、锅炉房、化粪池采用水泥防渗，渗透系数$\leq 10^{-7}$ cm/s。

简单防渗区：食堂、办公楼、倒班房、厂区内道路等采用地面硬化。

通过采取相应的污染预防措施，基本不会对地下水水质造成明显影响。

习题

1. 分析饲料生产制造行业的发展现状及前景。如何实现绿色发展？

2. 了解饲料生产制造过程中使用的原辅料，了解原料来源、用量及污染处置方式。

3. 对改良氧化沟技术及连续环式反应池进行文献研究，总结出技术原理、应用现状、研究前沿、工程化优缺点等方面的内容。

第十节　兽药制造污染防治

兽药制造厂的产品包括中药提取类和混装制剂类兽药，消毒剂生产线、最终灭菌小容量/大容量注射液生产线、粉剂/散剂/预混剂生产线、口服液生产线和粉针剂生产线组成全厂的生产能力。

主要产品：柴胡注射液（中药提取制品）、杨树花片（片剂）、三氯苯达唑颗粒（颗粒剂）、5％氰戊菊酯溶液（杀虫剂）、硫酸头孢喹肟注射液（非最终灭菌小容量注射液）、10％聚维酮碘溶液（消毒剂）、安乃近注射液（最终灭菌小容量/大容量注射液）、阿莫西林可溶性粉（粉剂）、双黄连散（散剂）、替米考星预混剂、烟酸诺氟沙星溶液（口服液）、青霉素钾粉末注射剂（粉针剂）。

一、生产工艺过程

（一）中药提取制品生产工艺

柴胡注射液中药提取生产线生产工艺流程如图1—44所示。

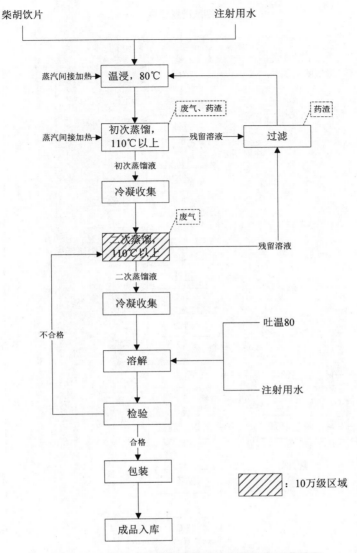

图1—44 柴胡注射液中药提取生产线生产工艺流程

主要产污环节：设备清洗过程中产生的清洗废水及车间地坪清洗水；蒸馏过程中产生的少量有机废气；设备运行时产生的噪声；初次蒸馏产生的药渣；溶液过滤产生的废滤纸和滤渣。

（二）口服溶液生产工艺

烟酸诺氟沙星口服溶液生产工艺流程如图1—45所示。

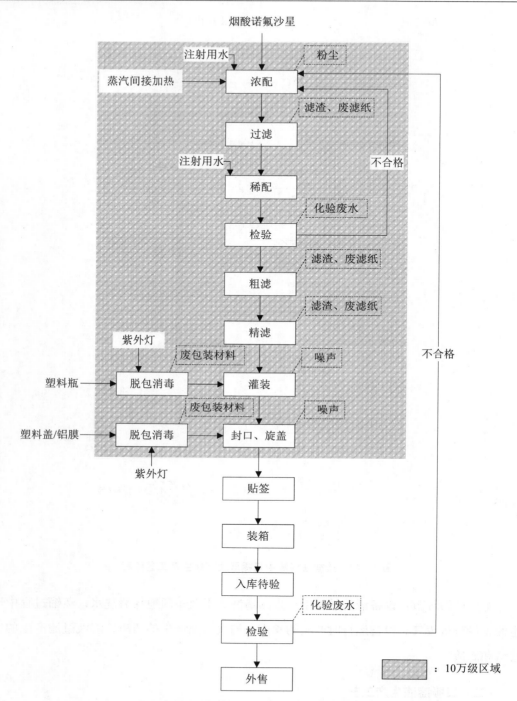

图1—45 烟酸诺氟沙星口服溶液生产工艺流程

主要产污环节：投料过程中产生的少量粉尘；溶液检验产生的化验废水；设备清洗过程中产生的清洗废水及车间地坪清洗水；设备运行时产生的噪声；溶液过滤产生的废滤纸和滤渣；生产过程中的废药品及过期原料、废包装材料。

（三）杨树花片（片剂）生产工艺

杨树花片生产使用的原辅料包括杨树花提取物、杨树花细粉、羧甲基纤维素、硬脂酸镁、淀粉和纯化水。杨树花片（片剂）生产工艺流程如图1—46所示。

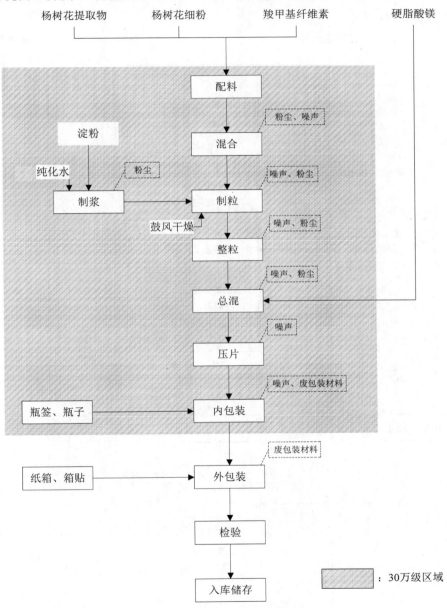

图1—46 杨树花片（片剂）生产工艺流程

（四）三氯苯达唑颗粒（颗粒剂）生产工艺

三氯苯达唑颗粒生产工艺无压片工序，干燥工序为电加热，生产使用的原辅料为三氯苯达唑、糊精、淀粉、蔗糖、硬脂酸镁和纯化水。三氯苯达唑颗粒（颗粒剂）生产工艺流程如图 1—47 所示。

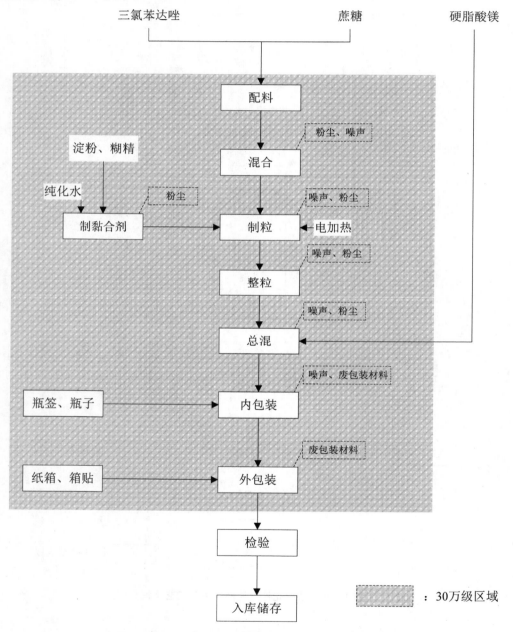

图 1—47　三氯苯达唑颗粒（颗粒剂）生产工艺流程

主要产污环节：混合、制粒、整粒、总混过程中产生的少量粉尘；设备清洗过程中产生的清洗废水及车间地坪清洗水；设备运行时产生的噪声；生产过程中的废药品及过期原料、废包装材料。

（五）杀虫剂生产工艺

杀虫剂产品为5％氰戊菊酯溶液。5％氰戊菊酯溶液生产工艺流程如图1－48所示。

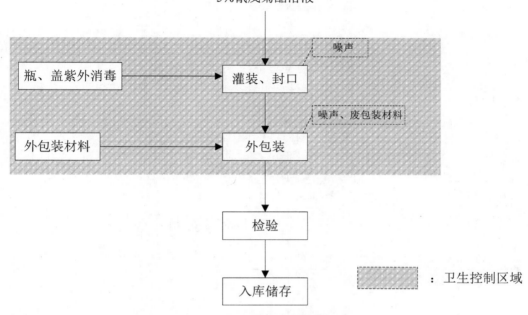

图1－48　5％氰戊菊酯溶液生产工艺流程

主要产污环节：设备清洗过程中产生的清洗废水及车间地坪清洗水；设备运行时产生的噪声；生产过程中的废包装材料。

（六）消毒剂生产工艺

消毒剂产品为10％聚维酮碘溶液。生产时，按配方将各原辅料加入配液罐混合，混合液经过滤、分装、包装即为成品。10％聚维酮碘溶液生产工艺流程如图1－49所示。

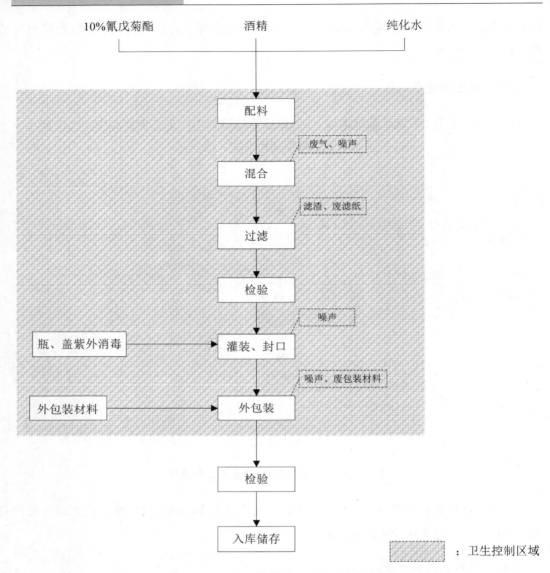

图 1—49 10％聚维酮碘溶液生产工艺流程

主要产污环节：混合过程中产生的少量有机废气、异味；设备清洗过程中产生的清洗废水及车间地坪清洗水；设备运行时产生的噪声；溶液过滤产生的废滤纸和滤渣；生产过程中产生的废包装材料。

（七）最终灭菌小容量/大容量注射液

最终灭菌小容量/大容量注射液产品为安乃近注射液，其生产使用的原辅料为安乃近、EDTA—2Na、亚硫酸氢钠，均为粉状料。安乃近注射液生产工艺流程如图 1—50所示。

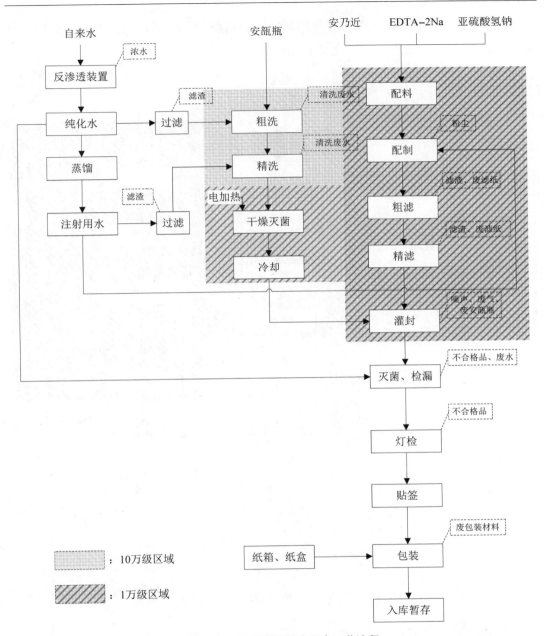

图1—50 安乃近注射液生产工艺流程

主要产污环节：原辅料配置工序产生的少量粉尘；安瓿瓶、设备清洗过程中产生的清洗废水，灭菌、检漏工序排出的灭菌、检漏废水，车间地坪清洗水；设备运行时产生的噪声；溶液过滤产生的废滤纸和滤渣；生产过程中产生的废药品、废安瓿瓶、废包装材料。

（八）非最终灭菌小容量注射液

非最终灭菌小容量注射液的产品为硫酸头孢喹肟注射液，其配制后进行均质工序，不过滤，灌装后不需灭菌，生产所用的原辅料为硫酸头孢喹肟粉末、油酸乙酯和大豆油。硫酸头孢喹肟注射液生产工艺流程如图 1—51 所示。

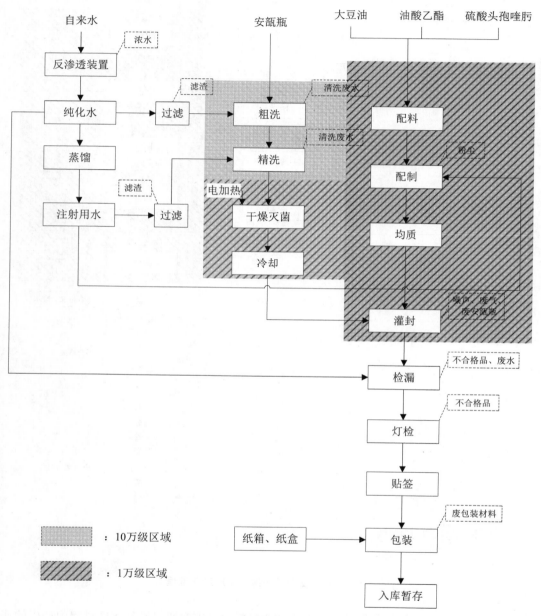

图 1—51 硫酸头孢喹肟注射液生产工艺流程

主要产污环节：安瓿瓶、设备清洗过程中产生的清洗废水，检漏工序排出的检漏废水，车间地坪清洗水；设备运行时产生的噪声；生产过程中产生的废药品、废安瓿瓶、废包装材料。

（九）粉针剂生产工艺

粉针剂产品为青霉素钾粉末注射剂，生产用原辅料为青霉素钾、盐酸、氢氧化钠，均为粉末原料。青霉素钾粉末注射剂生产工艺流程如图1—52所示。

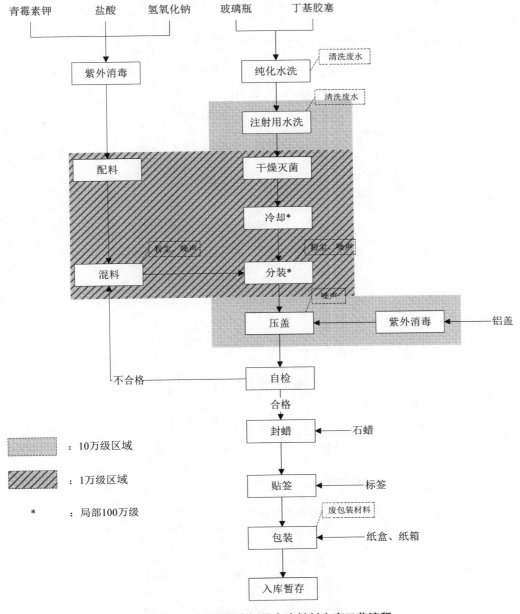

图1—52 青霉素钾粉末注射剂生产工艺流程

主要产污环节：混料、分装过程中产生的粉尘；玻璃瓶、丁基胶塞、设备清洗过程中产生的清洗废水，车间地坪清洗水；设备运行时产生的噪声；生产过程中产生的废药品、废包装材料。

（十）散剂生产工艺

双黄连散（散剂）生产工艺流程如图 1—53 所示。

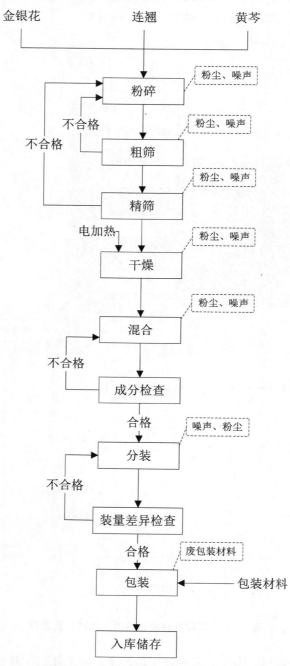

图 1—53　双黄连散（散剂）生产工艺流程

主要产污环节：粉碎、粗筛、精筛、干燥、混合、分装过程中产生的粉尘；设备清洗过程中产生的清洗废水，车间地坪清洗水；设备运行时产生的噪声；生产过程中产生的废包装材料。

（十一）粉剂和预混剂生产工艺

粉剂和预混剂生产工艺流程如图1—54所示。

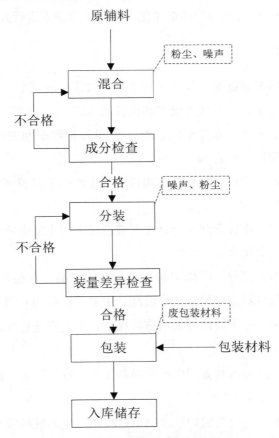

图1—54 粉剂和预混剂生产工艺流程

主要产污环节：混合、分装过程中产生的粉尘；设备清洗过程中产生的清洗废水，车间地坪清洗水；设备运行时产生的噪声；生产过程中产生的废包装材料。

二、污染防治

（一）大气污染防治

药剂粉尘主要来自水针车间、粉散车间、片剂/颗粒车间的粉状物料的人工投料、混料、粉碎、筛分等过程。为了减少药剂粉尘的排放量，使用 1 台布袋除尘器（99%）对片剂/颗粒剂制粒和烘干粉尘进行收集处理，之后通过 15 m 高的排气筒排放。

无组织排放废气主要为生产车间药剂粉尘、有机废气、煤堆场粉尘和食堂油烟。

有机废气主要为中药提取车间生产过程中挥发的少量柴胡挥发油和消毒剂/杀虫剂车间生产过程中挥发的少量乙醇。加强生产管理，定期维护设备，减少有机废气的排放量。

通过安装净化效率大于 85% 的油烟净化设施对食堂油烟进行处理后引至楼顶排放。

（二）水污染防治

生产废水主要包括洗瓶废水、胶塞清洗废水、灭菌检漏废水、设备清洗废水、地坪清洗废水、纯水制备废水、锅炉软水废水和化验废水。

（1）洗瓶废水：主要来自水针车间、粉针车间和粉散车间安瓿瓶、玻璃瓶清洗过程，水质较清洁，主要污染物为 SS。

（2）胶塞清洗废水：主要来自粉针车间粉针剂生产用丁基胶塞清洗过程，水质较清洁，主要污染物为 SS。

（3）灭菌检漏废水：水针车间安乃近注射液产品采用水浴灭菌、检漏，粉散车间采用水浴检漏，此过程产生废水。

（4）设备清洗废水：部分生产线交替生产不同的产品，在更换产品时需进行清洗，且为保证产品质量，每日对生产设备进行清洗，主要污染物为 COD、BOD_5、SS 等。

（5）地坪清洗废水：各车间地坪采用拖布保洁，不进行地坪冲洗，拖布涮洗，主要污染物为悬浮物。

（6）纯水制备废水：纯水制备产生再生酸碱废水、反洗废水、渗透渗析浓水等，主要污染物为 pH、Ca^{2+} 和 Mg^{2+} 等。

（7）锅炉软水废水：主要为锅炉软水制备过程中产生的酸碱废水。

（8）化验废水：主要为化验室产生。

（三）固体废物污染防治

产生的固体废物主要包括收尘灰、废药品、废膜/树脂、空调滤料、药渣、废包装材料、废活性炭、废滤纸和滤渣、废水处理站污泥、煤渣和生活垃圾等。

1. 一般固废

（1）废包装材料：包括纸盒、铝箔、PVC 板、塑料瓶等，集中收集后外售给废品收购站。

（2）废水处理站污泥：主要来自新增的污水处理设施，由当地环卫部门定期清掏处理。

（3）生活垃圾：桶装收集后交当地环卫部门清运。

（4）废活性炭：主要为纯化水制备设备产生，交当地环卫部门清运处理。

（5）药渣：主要为柴胡饮片蒸馏后产生的废渣，所用的中药材为柴胡饮片，为非毒性药材，且采取水蒸馏法蒸馏得到成品，将其桶装收集后交当地环卫部门清运处理。

（6）空调滤料：主要为空调净化处理系统过滤设备产生，交当地环卫部门清运处理。

2. 危险废物

（1）收尘灰：主要来自原有和本次新增的布袋除尘器，将其同生活垃圾一并处理，不满足危险废物处理要求，将其桶装收集后，交给具有相应资质的单位处理。

（2）废滤纸和滤渣：主要为溶液用板框过滤机过滤产生，滤渣很少，附着在滤纸上，将其投入燃煤锅炉焚烧。将其桶装收集后，交给具有相应资质的单位处理。

（3）废膜/树脂：主要为水处理设备产生，将其同生活垃圾一并处理，不满足危险废物处理要求，将其交给具有相应资质的单位处理。

（4）废药品：主要为生产过程中产生的不合格产品和报废品，产生量小，将其交给具有相应资质的单位处理。

（5）废安瓿瓶：主要为安瓿瓶灌装过程中拔丝产生的废料，其附着有少量药物，将其同生活垃圾一并处理，不满足危险废物处理要求，将其交给具有相应资质的单位处理。

为了减小废弃物的储运风险，防止危险废物流失污染环境，将产生的危险废物分类收集，采用密闭专用容器收集和储存危险废物。设置专门的暂存场所，暂存危险废物，做好防雨、防渗处理，防止二次污染。地面采用坚固、防渗、耐腐蚀的材料建造，并设计有堵截泄漏的裙脚、围堰等设施。库内废物定期由有资质单位的专用运输车辆运输。

（四）地下水污染防治

配液罐、贮罐、污水处理设施等发生渗漏，导致液态药、废水等进入地下水造成污染。

（1）按物料或污染物泄漏的途径和生产功能单元所处的位置划分为两类地下水污染防治区域。

一般污染防治区：各生产车间、库房、锅炉房等，设置防渗衬层（等效黏土防渗层厚度≥1.5 m，渗透系数≤10^{-7} cm/s）。

重点污染防治区：危险化学品库、污水处理站、各池体、危废暂存点等，设置防渗衬层（等效黏土防渗层厚度≥6 m，渗透系数≤10^{-7} cm/s）。

（2）污染防治区应采取防止污染物流出边界的措施。

（3）生产装置区设导流沟，化学品储存间液体桶槽区设置围堰。围堰、导流沟、溶液中转容器及贮槽、车间地坪均做防渗处理。除绿地外，厂区全部地面进行硬化防渗处理。

（4）加强废水处理站池体地基的处理，防止发生断裂和沉降；对水池底和内壁要做防裂和防渗处理，确保污染物不向池外泄漏。

习题

1. 解决企业生产环境问题，需要了解基本的生产工艺技术，对生产线进行学习，找出重点产污环节和污染防治对策。

2. 探讨兽药制造行业如何实现绿色发展。

第十一节 家具制造业污染防治

家具制造业以生产床、衣柜、妆台、茶几、电视柜为主（设计规模以每年生产1000套为例）。常见问题：①活性炭吸附柜内，废气与吸附床层的接触时间不足，有机废气处理能力较低。②离心通风机无法满足底漆房和面漆房废气收集需求。③晾干房的晾干方式为自然晾干，没有安装废气收集处理装置。虽然密闭，但无法避免开关房门和送取产品时，晾干过程中挥发的VOC气体流出，形成无组织排放。④危废库房房顶有缝隙，密闭不严，且没有安装废气收集处理装置。废油漆桶和废漆渣在存放过程中挥发的VOC气体无组织排放。⑤油漆库房不密闭，部分油漆桶长时间开启，无废气收集处理装置。直接在库房内调漆，未单独设置调漆专用工作区域。油漆存放及调漆过程中产生的VOC气体通过排气扇直接抽走，无组织排放。⑥面漆房密闭不严，门口漏风气流速度较快，面漆房内为正压状态。

一、生产工艺过程

生产工艺流程如图1—55所示。

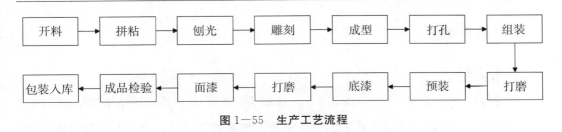

图 1—55　生产工艺流程

开料工序：用锯机将板材按尺寸切割开料，形成需要的板材。

黏合工序：利用冷压机将板材冷压定型，定型后的板材用推台锯精裁。

铣型工序：利用各种镂光机、铣床对板材铣型，以便外观造型。

钻孔工序：根据设计要求，使用专用设备，对定长、定宽和定厚的木料进行打孔。

底漆工序：主要是利用喷枪、喷机等按照设计及工艺要求将油漆喷涂在产品部件表面，使其部件表面更加平顺畅滑。

干砂工序：利用磨光机对部件进行磨光，以保证底漆喷涂效果。

面漆工序：面漆前需先检查产品是否属于良品，产品表面是否光滑，表面灰尘和附着物需清理干净。检查后，利用喷枪、喷机等，按照设计及工艺要求将油漆尽可能均匀地喷涂在产品部件表面，使各部件表面色泽亮丽、流畅光滑，美化产品外观，提升产品的视觉效果。

二、污染防治

生产过程中的产污环节分析如图 1—56 所示。

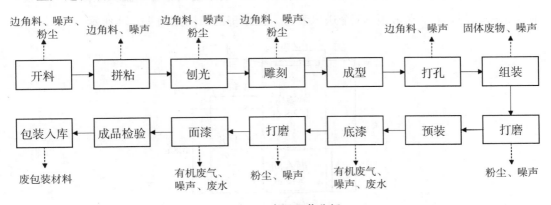

图 1—56　产污环节分析

在生产过程中产生的污染物主要有废包装材料、粉尘、噪声、有机废气、漆雾淋洗废水、废油漆桶等，涵盖了水、大气、固体废物、危险废物、物理性污染等各方面。

（一）生产车间

1. 底漆房

底漆房长 13 m，宽 13 m，高 3.6 m，体积为 608.4 m³。漆房采用钢架结构，四面均为彩钢板，无缝隙。喷涂方式采用手工喷涂，喷涂时不调漆，油漆取出后直接使用。油漆桶直接堆放于漆房角落，每三天清理一次。漆房采用负压抽风的方式收集喷漆废气，设置有 2 道密闭门，1 个水帘柜，1 个送风装置。门口处风速较快，废气收集情况较好。底漆房的结构如图 1—57 所示。

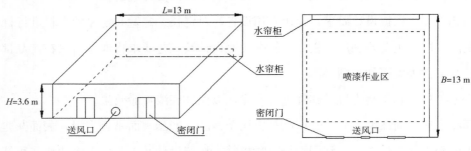

图 1—57　底漆房的结构

2. 面漆房

面漆房内部由喷漆房、暂存间、晾干房组成，三个分室互通，体积总共为 169.26 m³。喷漆房采用钢架结构，屋顶设置有送风装置，地面为栅板。喷涂方式采用手工喷涂，喷涂时不调漆，油漆取出后直接使用。油漆桶直接堆放于漆房中，每三天清理一次。喷漆房采用正压送风的方式收集喷漆废气，屋顶出风，喷漆废气随着气流从地面流出。设置有 1 道密闭门，1 个水帘柜，1 个送风装置。面漆房的结构如图 1—58 所示。

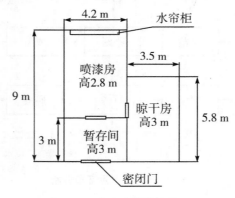

图 1—58　面漆房的结构

（二）活性炭柜

底漆房、面漆房均采用活性炭吸附工艺对废气中的 VOCs 进行处理，每个底漆房各安装有 1 个活性炭柜。活性炭柜的尺寸相同，长 4.5 m，宽 1.6 m，高 3.2 m。活性炭柜内安装有 12 排活性炭板，每块活性炭板长 1.4 m，宽 0.45 m，厚 6 cm，内部装有直径为 6～8 mm 的活性炭颗粒。气体通过袋式除尘器后，从活性炭柜顶部背面进入，随后从上往下经过活性炭板，最后从活性炭柜底部流出。由于 12 排活性炭板并列排放，气流从上到下，所以仅通过一排活性炭板。活性炭柜的结构如图 1－59 所示，其内部结构如图 1－60 所示。活性炭板如图 1－61 所示。

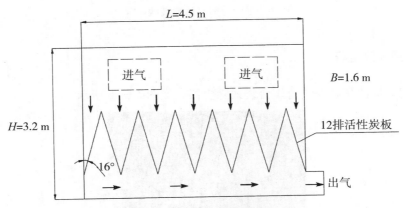

图 1－59 活性炭柜的结构

图 1－60 活性炭柜的内部结构

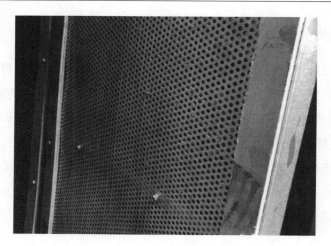

图 1—61　活性炭板

（三）袋式除尘器

底漆房、面漆房各安装有 1 台袋式除尘器，如图 1—62 所示。

图 1—62　袋式除尘器

（四）风机

每个底漆房各安装有 1 个离心通风风机，型号为 GY—850—1—A，流量为 21600 m^3/h，全压为 1000 Pa，功率为 7.5 kW，转速为 960 r/min，如图 1—63 所示。

图 1-63　风机

（五）喷漆房风量计算

环保设备的尺寸、型号与污染物的处理效果息息相关。喷漆房是目前较为常用的环保型涂装设备。喷漆房产生的废气必须进行处理才能排放，在设计喷漆废气处理方案时，风量的确定是一个重要的因素。

喷漆房废气处理设备风量计算方法如下：

$$设备风量＝喷漆房体积×常数（60～100）$$

式中，常数 $60～100$ 是经验值，如果喷漆房作业时间很短、喷漆量很小，则常数可以选择 60；如果喷漆房作业时间较短、喷漆量较小，则常数可以选择 $70～80$；如果喷漆房作业时间长、喷漆量大，则常数可以选择 $90～100$。

因此，底漆房喷漆作业时的风量范围为 $36504～60840$ m^3/h，面漆房喷漆作业时的风量范围为 $10155.6～16926$ m^3/h。

（六）活性炭柜吸附效果

喷漆废气在活性炭柜中的过滤气体流速通过以下公式计算：

$$v＝\frac{风量}{活性炭柜横截面积}$$

底漆房活性炭柜的气体流速为

$$v_1＝\frac{36504～60840}{3600×4.5×1.6}＝1.41～2.35（m/s）$$

则气体通过活性炭板的时间为

$$t_1＝\frac{60/\sin 16°}{10^3×（1.4～2.35）}＝0.09～0.16（s）$$

面漆房活性炭柜的气体流速为

$$v_2 = \frac{(10155.6 \sim 16926) \times 3}{3600 \times 4.5 \times 1.6} = 1.18 \sim 1.96 \ (\text{m/s})$$

则气体通过活性炭板的时间为

$$t_2 = \frac{60/\sin 16°}{10^3 \times (1.18 \sim 1.96)} = 0.11 \sim 0.18 \ (\text{s})$$

废气在吸附床层内与吸附剂的接触时间一般需要 $0.8 \sim 1.2$ s。

习题

1. 绘制家具制造的生产工艺流程，并对工序开展产污分析。

2. 分析探讨底漆房和面漆房的设置是否合理。

3. 对活性炭柜和袋式除尘器的工作原理进行探讨。

4. 调研家具制造业清洁生产审核标准，尝试梳理家具制造业清洁生产重点并进行分析讨论。

第二章　采矿业污染防治基础

第一节　磷矿开采污染防治

磷矿是指在经济上能被利用的磷酸盐类矿物的总称，是一种重要的化工矿物原料。用它可以制取磷肥，也可以制造黄磷、磷酸、磷化物及其他磷酸盐类，以用于医药、食品、火柴、染料、陶瓷、国防等领域。矿区包括采矿区、矿区道路和配套公辅设施。开采原矿能力为6万吨/年，开采方式为平硐开采，开采方法为普通房柱法。

一、生产工艺过程

根据矿体的赋存特点和矿石的价值，较适宜的采矿方法为空场法中的全面法和房柱法，这两种方法没有本质的区别，全面法矿块内留不规则的矿柱，房柱法矿块内留规则的矿柱。磷矿开采工艺流程如图2—1所示。

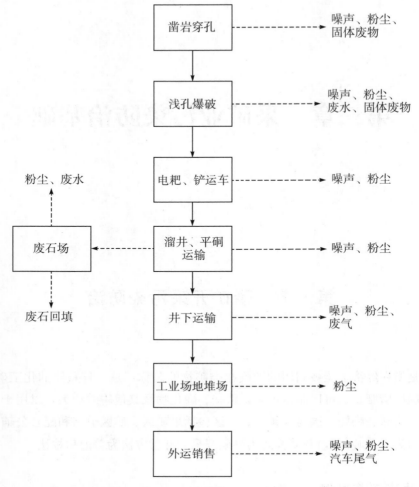

图2—1 磷矿开采工艺流程

沿脉内中段运输巷道，矿体走向每64 m布置一个矿房，矿房之间留4 m连续矿柱，矿房宽10 m，每个矿房布置5个矿块，矿块内视安全情况留Ø3 m的间隔矿柱。矿房构成要素见表2—1。

表2—1 矿房构成要素

矿块规格 （长×斜长×高） （m）	布置方式	顶柱宽 （m）	底柱宽 （m）	间柱规格 （m）	漏斗间距 （m）
64×58×1.54 （矿体厚度）	沿矿走向	3	3	Ø3	10

采准首先在中段运输平巷按照采场布置位置开凿切割平巷，且开凿电耙硐室、放矿漏斗等。基建采切工程量见表2—2。

表 2-2　基建采切工程量

序号	工程名称	长度（m）	断面（高×宽）（m）	体积（m³）
1	联络平巷与中段运输平巷联络道	7	2×2	28
2	联络平巷	64	2×2	256
3	电耙硐室	5	4×3.5	70
4	切割平巷	64	2×2	256
5	溜井	10	2×2	40

回采工作自下而上进行，分层回采，使用浅孔先在矿房下部进行拉底，然后用上向炮孔挑顶，用气腿式凿岩机打水平炮孔，自下而上推进，拉底高度为 2.5 m，炮孔排距为 0.6～0.8 m，间距为 1.2 m，孔深为 2.0～2.2 m。随着拉底工作面的推进，在矿房两侧按规定的尺寸和间距将矿柱切开，整个矿房拉底结束后，用 YSP-45 凿岩机挑顶，回采上部矿石，炮孔排距为 0.8～1.0 m，间距为 1.2～1.4 m，孔深为 1～1.2 m，挑顶一次完成。爆破通风安全后人员进入采场矿房内检查，处理松、符石，确认矿房内处于安全条件后开始出矿。采场出矿采用 30 kW 电耙将崩落的矿石耙入溜井，放入矿车后运输至矿石堆场。

矿井通风采用中段运输平硐进风，矿体上部回风井回风，中段回采完以后，该中段运输平巷作为下一中段回采的回风平巷。采用抽出式机械通风，矿体风机布置在地表回风平井口附近。通风设备及设施选用 2 台离心式 4-72-11 型通风机（1 台工作，1 台备用），局部通风选用 5 台 JK55-2N04 型局扇（3 台工作，2 台备用）。主扇通风选用双回路供电，一路正常供电，一路采用柴油机供电。

二、污染防治

（一）大气污染防治

1. 地下采场废气

（1）喷雾洒水防尘。

喷雾洒水防尘在井下各处使用，尤其在巷道等产尘点以喷雾洒水防尘为主。喷出的水雾，初速度不应小于 80～100 m/s，雾流有效射程和张角越大越好。

（2）水炮泥。

采、掘工作面放炮时，炮眼中填装水泥炮。放炮后，水受高温雾化而起到降尘、降温、净化空气的作用。其降尘效率可达 80%，减少炮烟 70%。

（3）采场、掘进工作面通风排尘。

采场、掘进工作面通风排尘采取最佳排尘风速，在采取防尘措施后，最佳排尘风速为 $2\sim2.5$ m/s，最高不超过 4 m/s。

（4）爆破防尘。

爆破防尘采用优化爆破参数的方法，采用湿法爆破技术降低爆破产尘量。

2. 原矿临时堆场扬尘及装卸过程扬尘

原矿装卸过程中应加强管理，文明装卸。加强场地及场地周边洒水，保持湿润，可降低堆场扬尘。同时，在原矿临时堆场四周种植常绿乔木，防止飘尘向周边地区扩散。在风季，更应加强堆场的管理，适时洒水降尘。原矿临时堆场只作为原矿的临时周转场所，不长久堆放原矿。采取上述措施后，堆场扬尘能得到有效控制。

（二）水污染防治

废水主要有矿井涌水、原矿临时堆场和废石场淋溶水、机修废水以及生产废水。

1. 矿井涌水

矿井涌水主要污染物为 SS 等，矿井最大涌水量为 242.5 m³/d。一般矿井涌水水质较好，满足《地表水环境质量标准》（GB 3838—2002）Ⅲ类标准，属清水。矿井涌水可经主平硐巷道内沉淀池沉淀后排放。

2. 原矿临时堆场和废石场淋溶水

原矿临时堆场和废石场淋溶水一般水质较好，只含有少量的 SS。在原矿临时堆场和废石场外围修建截排水沟可最大限度地降低淋溶水的产生量，并在废石场下游建挡护设施和沉砂池，将淋溶水全部引入沉砂池，尺寸为 4.0 m×2.0 m×1.5 m，经自然沉淀后外排。对原矿临时堆场和废石场均采用 P10 级防渗混凝土和铺设 2 mm 厚的高密度聚乙烯等。

3. 机修废水

机修废水产生量较少，收集暂存于机修房，交由可处理含油废水的污水处理设施进行处理。

4. 生产废水

正常生产运营过程中，井下作业面将产生一定量的生产废水，该生产废水的主要污染物质为 SS，伴有极少量漏、滴的石油类。生产废水经过各中段巷道内污水边沟流入中段隔油池，经过隔油后，废水进入沉淀池，澄清后用于作业面洒水降尘，不外排。

（三）噪声污染防治

采场噪声主要来源于凿岩机、铲运机、空压机运行和爆破等。凿岩、铲运和爆破等均在地下完成，设备噪声对地面影响很小。空压机位于工业场地地面空压机房内，空压机房周边 200 m 范围内确保无环境敏感点，空压机噪声经减震、机房隔声等措施后，经距离衰减，厂界达标。

（四）固体废物污染防治

固体废物主要有废石、机修废油、生产废水产生的废油以及员工生活垃圾。

脉内开采，废石产生量很少，主要为地下硐室开拓过程中产生，且后期基本上不再产生。废石属于一般工业固体废物，集中收集后送地面临时弃渣场堆存，后期用于井下回填。

机修废油集中收集后交给具有相关资质的单位处理。

员工生活垃圾集中收集后定期送生活垃圾填埋场处理。

（五）生态环境污染防治

生态维护是保护区域生态环境建设成果的重要措施，一些相对较容易受环境或人为因素影响的生态要素，需要经常性地进行维护和保护，以使其能正常地发挥生态效益。生态维护包括对绿化植物的施肥管理、补植、浇灌、整枝维护以及对矿区周边生态关系的维护，应加强生态观念的转变，落实生态建设的各项措施，使生态环境不会因采矿而受到太大的影响。

习题

1. 采矿工艺的准则是什么？
2. 磷矿的主要环境问题是什么？
3. 如何做好磷矿的环境保护工作？

第二节　煤矿洗选污染防治

煤矿开采出的原煤需进行洗选，以年洗选原煤达到 30 万吨为例，其中精煤和精煤粉 12 万吨/年，热值 $2.09\times10^7\sim2.508\times10^7$ J，灰分 10.5% 以内；次精煤 6 万吨/年，热值约 2.22×10^7 J，灰分 28% 以内；中煤 4.6 万吨/年，热值约 1.88×10^7 J，灰分 36%～37%；尾矸石（尾煤）6 万吨/年；泥煤 13994 吨/年，热值约 4.18×10^6 J，灰分约 75%。

一、生产工艺过程

原煤洗选工艺流程如图 2—2 所示。

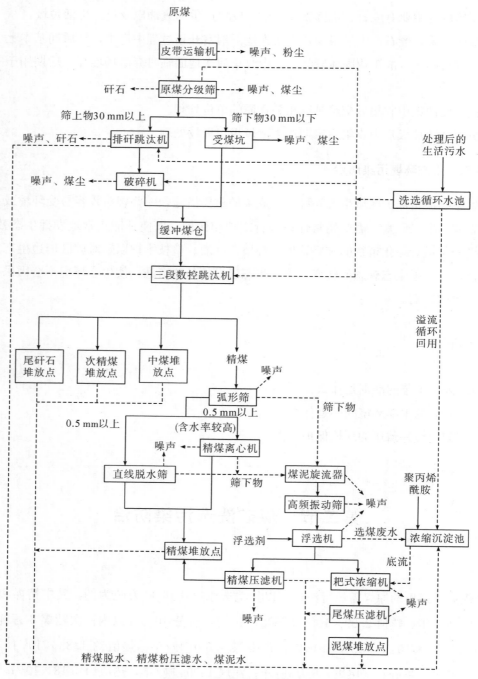

图 2—2　原煤洗选工艺流程

1. 原煤输送系统

原煤从矿井经坑口皮带运输进入筛分车间。

2. 原煤准备系统

原煤在筛分车间进行预筛分，筛孔直径为 30 mm。筛上物进入块煤分配可逆皮带。

3. 原煤储存和受煤系统

在原煤储煤场设置三个受煤坑，受煤坑漏斗下安装往复式给煤机，将原煤定量运到胶带输送机，输送到排矸车间。每个受煤坑内均设有集水池和扫地泵。

4. 块煤排矸系统

块原煤进入排矸车间后，落入块煤缓冲仓，经变频给煤机均匀给料进入数控排矸跳汰机，排矸跳汰机的矸石由矸石斗式提升机提升至排矸皮带上，跳汰机洗出来的精煤落入精煤桶内，由精煤斗式提升机捞出，斗式提升机的出料口接破碎机，精煤经破碎机破碎后进入主洗分选系统。

5. 主洗分选系统

原煤由皮带输送至缓冲仓，经变频给煤机均匀给料进入数控复合空气室跳汰机，分选出矸石、中煤、次精煤和精煤四种产品。矸石、中煤、次精煤用斗式提升机脱水后由皮带运至矸石、中煤、次精煤堆放点。0.5 mm 以上的精煤经过弧形筛和直线脱水筛脱水后进入精煤皮带。根据现场情况，含水率较高的 0.5 mm 以上的精煤可以选择进入精煤离心机脱水后落入精煤皮带，0.5 mm 以下的物料经旋流器浓缩后进入高频筛，高频筛筛下水通过泵运输至矿浆预处理器，进行浮选。

6. 浮选系统

浮选入料加入浮选剂经浮选机分选后，由精矿池进入程控隔膜压滤机脱水后作为精煤产品进入精煤皮带。

7. 煤泥水处理系统

浮选尾矿加入絮凝剂后进入浓缩沉淀池。浓缩机底流通过泵打入尾煤压滤机脱水回收尾煤，浓缩池上清液溢流至洗选循环水池循环使用。厂房内所有跑、冒、滴、漏、溢流水经地漏、地沟汇入污水池，泵至筛下水池内等待处理。

8. 产品储运系统

精煤由胶带输送机运至精煤堆放点，次精煤、中煤、泥煤由铲车运至相应堆放点。

二、污染防治

（一）大气污染防治

洗选车间为封闭厂房，原煤在皮带运输过程中及皮带运输机头落差处将产生煤尘，刮板机、分级筛和破碎机处将产生无组织排放的煤尘。分级筛主要分选出小于 30 mm 的小块煤和大于 30 mm 的块煤，大于 30 mm 的块煤进入破碎机破碎后才进入跳汰机，方便跳汰机的洗选。煤尘的产生量按照选煤量的 0.1% 计算，煤尘产生量约为 300 t/a。根据类比，采取措施前煤尘的初始浓度为 1000 mg/m³。

皮带运输机在封闭环境下运输，在刮板机、分级筛进出口、振动筛进出口、破碎机等处设置喷水降尘装置。喷水和湿式作业对于粉尘的去除效率约为 98%，经喷水、湿式作业后，排放浓度为 20 mg/m³，煤尘排放量为 6 t/a。

（二）水污染防治

选煤废水和煤泥水由原生煤泥、次生煤泥和水混合组成，其主要成分有煤泥颗粒、矿物质、黏土颗粒等，主要污染因子有 COD_{Cr} 和 SS，并可能含有石油类、SO_4^{2-}、Fe^{2+} 等，废水具有 SS 浓度高的特性。

选煤总用水量按 2.5 m³/t 原煤计算，为 2315 m³/d。选煤废水产生量按 0.946 计，为 2189.99 m³/d。选煤废水经过处理后循环使用，定期补充新水，选煤补充用水量为 125.01 m³/d。

产生的选煤废水、精煤脱水、压滤水，精煤堆放点、次精煤堆放点、中煤堆放点、尾矸石堆放点、泥煤堆放点产生的煤泥水经过收集后进入污水池，泵入浓缩沉淀池，在浓缩沉淀池投加絮凝剂絮凝沉淀后，浓缩机底流通过泵打入尾煤压滤机脱水回收，上清液溢流至洗选循环水池回用，不外排。车辆冲洗废水、地面冲洗废水经雨水沟收集进入集水池，进入浓缩沉淀池处理后回用于生产。

同时，厂房内所有跑、冒、滴、漏、溢流水经地漏、地沟汇入污水池，泵至筛下水池内等待处理。

项目运营期间需对初期雨水进行收集。由于降雨初期，雨水冲刷地面，造成雨水中污染物含量明显增高，特别是厂区内无顶棚的区域，雨水若不经处理就直接排放会对周边地表水体造成污染。对降雨开始后 15 min 内的雨水进行收集，以暴雨时的最大量估算，计算公式如下：

$$Q = qF\psi T$$

式中，Q 为初期雨水排放量，m^3；F 为汇水面积，hm^2；ψ 为径流系数（0.4～0.9），取 0.9；T 为收水时间，取 15 min，即 900 s；q 为暴雨强度，$L/(s \cdot hm^2)$。

雨水沟采取暗沟形式，场地地面设计一定坡度，雨水最终汇入雨水沟。定期将雨水沟盖板打开进行清掏，保证雨水沟的畅通。初期雨水经雨水沟收集进入集水池，经浓缩沉淀池处理后回用于生产。

（三）固体废物污染防治

固体废物主要为废棉纱手套、废机油、尾矸石（尾煤）、泥煤、食堂隔油池的废油脂和污泥等。

1. 一般固废

洗选车间将产生一定量的尾矸石和泥煤，外售给砖厂用作制砖原料。

食堂隔油池的废油脂定期进行清捞，收集的废油脂交给具有废油回收加工资质的单位处理。

定期清掏产生的污泥送至市政垃圾收集点，由区域环卫部门定期清运、处理，实现无害化处理。

2. 危险固废

危险固废主要包括废矿物油（废机油）、废棉纱手套。各个机械设备的机油失去冷却、润滑效果后需要定期更换，将产生废矿物油（废机油）和废棉纱手套。

机油在使用过程中受外界污染会产生大量胶质、氧化物，从而降低乃至失去了其控制摩擦、减少磨损、冷却降温、密封隔离、减轻振动等功效，变成废油。

废机油中含有大量的如芳香族类有机化合物以及废酸等物质，可诱发癌症、基因突变等，对人体、自然界生物均有很严重的危害。

习题

1. 绘制原煤洗选工艺并简述工艺流程。
2. 调研我国煤矿行业发展现状。
3. 对煤矿行业绿色发展和环境保护提出你的建议。

第三节　钒钛磁铁矿渣再利用污染防治

以设计年处理抛尾表外矿 200 万吨（总铁品位约 23.0％，TiO_2 品位约 5.40％）为例，生产铁精矿 50 万吨（总铁品位约 54.0％）、钛中矿 10 万吨（TiO_2 品位约 38.0％）。

一、生产工艺过程

以经过破碎初选后（23％品位）的朱矿表外矿为原料，进一步破碎磁选。利用铁、钛元素磁性的强弱，采用强磁选—分级—磁选的分选工艺流程，不涉及浮选剂。选矿厂生产工艺流程主要分为原料破碎、磨矿选铁、选钛三大部分，如图 2－3 所示。

（一）原料破碎

堆放在原料场的原料生产时用装载车装入矿仓，矿仓下安装摆式给料机，原料首先进入一级颚式破碎机破碎，破碎后的物料通过皮带进入圆锥破进行破碎，然后输送至圆振筛进行筛分。经过筛分后，细料通过皮带送至粉矿堆场堆放，筛上粗物料通过皮带送至圆锥破进行细破。经过细破的物料通过皮带送至圆振筛再次筛分，破碎合格的矿石粒度小于 15 mm。

（二）磨矿选铁

破碎处理后的矿石进入磨矿车间的 2 台球磨机进行第一步磨矿，矿浆浓度约为 80％。磨矿后的矿石进入螺旋分级机进行分级，细度大于等于 200 目的矿浆继续送回球磨机碾磨，细度小于 200 目的矿浆进入磁选机进行一次弱磁选作业，所得的磁性产品进入球磨机进行二段球磨，磨矿细度≤0.074 mm 的比例应占 60％，矿浆再进入磁选机进行二次弱磁选作业，得到铁精矿，铁精矿经过滤机过滤后进入铁精矿成品库，磁选尾矿送往选钛工段选钛。

（三）选钛

选铁后的尾矿经过浓密机浓缩后进入螺旋溜槽，经过三次溜槽后得到钛中矿产品，送钛中矿沉淀池。尾矿进入脱水筛脱水后送钒综合渣场堆放，废水进入浓缩池，浓缩池上清液进入高位水池回用，底部浊液进入沉淀池，沉淀池上清液进入高位水池，底部沉淀物经压滤后与脱水干砂一起堆存。

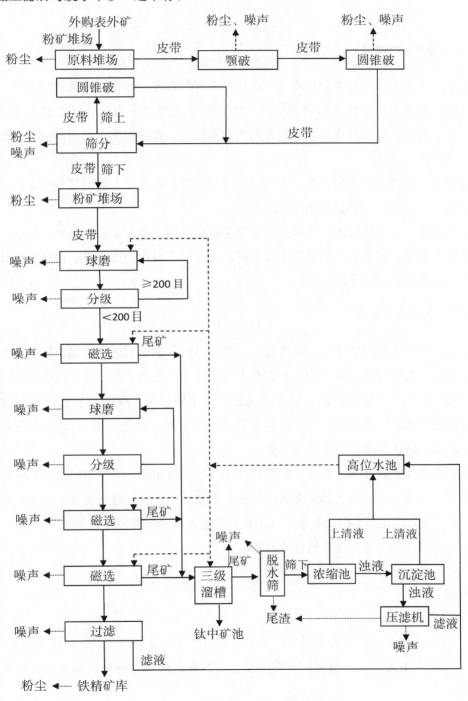

图 2—3　选矿厂生产工艺流程

二、污染防治

（一）大气污染防治

选矿厂的主要大气污染物是粉尘，产生于破碎、磁选、卸料、转运等环节。

这些产尘源多集中在原料制备车间，这些粉尘若处理不当，有可能使人患上硅肺病。选矿厂破碎、筛分和皮带输送时采用集尘罩收集、布袋除尘器处理的除尘方式，同时配备喷雾除尘设施。

粉尘无组织排放的主要来源：①不同粒度的表外矿在破碎、转运过程中，由各工作间逸出的少量粉尘；②转运站逸出的粉尘。

防治措施：在密闭破碎、转运站安装喷雾除尘设施，可使矿石在破碎、转运过程中产生的粉尘量减少；原料场设置防风抑尘网；皮带机下料口、皮带机初段进行密闭；出厂汽车底盘及车轮清洗干净后出厂。

（二）水污染防治

选矿厂地层主要为杂填土、粉质黏土、含块石粉质黏土和三叠系泥岩砂岩互层。为了防止物料、废物等跑、冒、滴、漏以及产生渗漏水污染地下水，可以采取以下地下水防护措施：①各生产车间地面采用混凝土浇筑，水泥硬化，车间四周修建截流沟和挡墙，防止雨水进入生产车间；②厂区内实行"雨污分流、清污分流"；③废物转运时必须安全转移，防止撒漏，防止二次污染。

选矿废水经过脱水筛、浓缩、沉淀、压滤后产生循环水，全部返回高位水池循环使用。地坪冲洗水，冲洗后大部分直接蒸发进入大地，少量进入磁选废水处理系统处理后循环使用。在每个生产车间每条生产线之间均设置坡度为 1%、断面为 40 cm×40 cm 的砖混水泥结构地沟，用作收集地坪冲洗水。

习题

1. 分析钒钛磁铁矿渣再利用生产工艺，找出产生污染物的工段，并提出解决方案。

2. 基于本节的学习，谈谈你对固体废物资源化的认识，分析目前的主要技术手段和应用情况。

第四节　钻井油基岩屑资源化污染防治

根据自然资源部全国页岩气资源潜力调查评价及有利区优选成果，四川省页岩气资源量约为 27.5 万亿立方米，占全国的 20.46％；页岩气可采资源量达 4.42 万亿立方米，占全国的 17.67％，均居全国第一。

页岩气的大力开采带来了相应的环境问题。大规模的页岩气开采产生了大量的钻井岩屑，岩屑分为水基岩屑和油基岩屑。油基岩屑一般含油率为 5％～20％，含有卤素、二噁英等有毒有害物质。岩屑量大，若不加以处理就直接排放，不仅会占用大量耕地，而且会对周围土壤、水体、空气造成污染，并伴有恶臭气体产生。岩屑中还含有大量的病原体、寄生虫以及二噁英等难降解的有毒有害物质。油基岩屑已被列入《国家危险废物名录》，属于天然原油和天然气开采"废弃钻井液处理产生的污泥"，废物类别为 HW08 废矿物油，废物代码为 071－002－08。

一、生产工艺过程

钻井岩屑是在钻井过程中钻头切削地层岩石而产生的碎屑，其产生量与井眼长度、平均井径及岩性有关。油基泥浆抗高温、抗盐钙侵蚀，有利于井壁稳定，润滑性好，对油气层损害小，因而在页岩气开采过程中得以大规模使用。

油基岩屑处理设备主要由输料系统、处理系统、收集系统组成。输料系统主要由螺旋输送器组成，完成油基岩屑的进料及处理后的输送；处理系统利用甩干机和离心机对岩屑进行二次固液相分离处理，该处理方式仅为物理分离过程，不涉及化学反应；收集系统采用的是不落地收集技术，利用井场已有的储备罐、油罐和泥浆罐对油基岩屑进行密闭分类收集。

含油钻屑（含油量约为 30％）从振动筛出来后进入储备罐，通过螺旋输送器送至甩干机，在甩干机内进行第一次固液分离，分离后的液相（油基）进入另一个储备罐暂存，固相（含少量油基钻屑）由储备罐进行收集。分离后的液相进入离心机进行第二次固液分离，液相（油基）通过泥浆罐暂存，用于配浆循环利用，最后进入泥浆循环系统用于钻井过程，油基泥浆 100％循环利用，无废油基泥浆产生。最终分离后的固相，即油基岩屑（含油量为 3％～12％）由储备罐收集。

油基岩屑属于危险废物名录中的 HW08 类，需严格按照国家规定，针对油基岩屑的特性，采用相应的收运方式。根据油基岩屑的成分可知，需采用符合国家标准的专门容器进行收集，装运容器不易破损、变形、老化，能有效地防止渗漏、扩散。装有油基岩屑的容器或运输车辆必须贴有标签，在标签上详细表明该批次运输岩屑的名称、质量、成分、特性以及发生泄漏、扩散、污染事故时的应急措施和补救方法。

（一）工艺基本组成

危险废物焚烧工艺主要包括以下单元：废物卸料和储存系统；废物预处理系统；焚烧处理系统；进料口（料斗）、回转窑焚烧炉、二次燃烧室和助燃风机等辅助设备；烟气净化系统；冷却焚烧炉内的烟气除去有害物质，并且达到排放要求后排放；急冷脱酸塔、布袋除尘器、脱硫洗涤塔、活性炭及消石灰供给系统等；烟气排放系统；引风机、烟囱等；烟气尾渣处理系统。如图 2－4 所示。

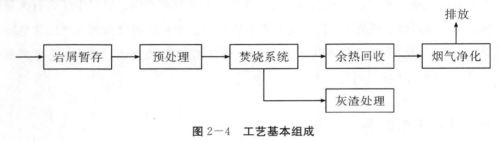

图 2－4　工艺基本组成

（二）工艺流程说明

以 2856 kJ/kg 作为岩屑热值的设计值。从岩屑产生地运输至厂区后进行贮存，贮存时做好防渗防漏措施。若油基岩屑中含油率大于 5％，则通过甩干机将其含油率降至 5％以内，回收的油进行回用，减少油的浪费。经过甩干的油基岩屑装入料斗，通过螺旋机给料，进入回转窑焚烧炉，高温燃烧、物料翻动；废气进入二燃室高温燃烧，经脱硝、半干法喷淋脱酸、活性炭喷射除去重金属和二噁英，布袋除尘器除去废气中的粉尘，碱洗喷淋塔除去烟气中的 SO_2、HCl 等酸性气体，使废气达标排放。尾渣按 1：6（废渣：钢渣）的比例混合，运至水泥厂作水泥原料。焚烧炉技术和烟气净化技术是评价整个焚烧系统的关键所在。

（三）岩屑的贮存

根据《危险废物集中焚烧处置工程建设技术规范》（HJ/T 176—2005），焚烧厂应设置化验室，并配备危险废物特性鉴别及污水、烟气和灰渣等常规指标监测和分析的仪器设备。收集的所有岩屑必须经过相应检测，确保与预定接受的岩屑一致，方可进入暂存仓库贮存。

根据《危险废物贮存污染控制标准》（GB 18597—2001），贮存标准、要求如下：

（1）在常温常压下不水解、不挥发的固体危险废物可在贮存设施内分别堆放。

（2）危险废物贮存设施（仓库式）的设计原则：地面与裙脚用砼等坚固、防渗的材料建造，并采用环氧树脂防腐和防渗。

（3）有泄漏液体收集装置、气体导出口及气体净化装置。

（4）室内设置安全照明设施和观察窗口。

（5）用以存放液体、半固体危险废物容器的地方，设有耐腐蚀的硬化地面，且表面无裂隙；设计堵截泄漏的裙脚，地面与裙脚所围建的容积不低于堵截最大容器的最大储量或总储量的 $\frac{1}{5}$。

（6）不相容的危险废物分开存放，并设有隔离间隔断。

危险废物的堆放要求如下：

（1）基础必须防渗，防渗层为至少 1 m 厚的黏土层（渗透系数 $\leqslant 10^{-7}$ cm/s），或 2 mm 厚的高密度聚乙烯，或至少 2 mm 厚的其他人工材料（渗透系数 $\leqslant 10^{-10}$ cm/s）。

（2）堆放危险废物的高度应根据地面承载能力确定。

（3）衬里应放在一个基础或底座上。

（4）衬里要能够覆盖危险废物或其溶出物可能涉及的范围。

（5）衬里材料与堆放危险废物相容。

（6）在衬里上设计、建造浸出液收集清除系统。

（7）应设计建造径流疏导系统，保证能防止 25 年一遇的暴雨不会流到危险废物堆里。

（8）危险废物堆内设计雨水收集池，能收集 25 年一遇的暴雨 24 h 降水量。

（9）危险废物堆要防风、防雨、防晒。

（10）产生量大的危险废物可以散装方式堆放贮存在按上述要求设计的废物堆里。

（11）不相容的危险废物不能堆放在一起。

根据《危险废物集中焚烧处置工程建设技术规范》（HJ/T 176—2005），危险废物贮存设施应满足以下要求：

（1）贮存场所必须有符合《环境保护图形标志　固体废物贮存（处置）场》（GB 15562.2—1995）的专用标志。

（2）不相容的危险废物必须分开存放，并设有隔离间隔断。

（3）应建有堵截泄漏的裙角，地面与裙角要用兼顾防渗的材料建造，建筑材料必须与危险废物相容。

（4）必须有泄漏收集装置及气体导出口和气体净化装置。

（5）应有安全照明和观察窗口，并应设有应急防护设施。

（6）应有隔离设施、报警装置和防风、防晒、防雨设施以及消防设施。

（7）墙面、棚面应防吸附，贮存半固体危险废物容器的地方必须有耐腐蚀的硬化地面，且表面无裂隙。

（8）库房应设置备用通风系统和电视监视装置。

（9）贮存库容量的设计应考虑工艺运行要求，并应满足设备大修（一般以 15 天为宜）和废物配伍焚烧的要求。

（10）贮存剧毒危险废物的场所必须有专人 24 h 看管，贮存和卸载区应设置必备的消防设施。

（四）预处理系统

环境保护部 2011 年发布《废矿物油回收和污染控制规范》（HJ 607—2011），针对石油和天然气开采和工业生产做出明确的要求：含油率大于 5% 的含油污泥、油泥沙应进行再生利用，含油岩屑经油屑分离后含油率应小于 5%，分离后的岩屑采用焚烧处置。因此，到厂的油基岩屑经过初步分析，若含油率大于 5%，则采用甩干机进行预处理，使之含油率低于 5%，再进行后续焚烧处置工艺。分离出的液相（油基）用储备罐暂存后返回钻井平台配浆，最后进入泥浆循环系统用于钻井过程。预处理工艺流程如图 2—5 所示。

图 2—5　预处理工艺流程

甩干机工作原理：岩屑从岩屑甩干机的顶部进浆漏斗落入内部分离区，随着内锥旋转体的高速旋转，旋转体会产生很大的离心力（分离因数为 360）。由于液相和固相重力的不同，附着在岩屑上的泥浆将会通过筛网，而固相会留在筛网内侧。液相会从管汇排出，干燥的固相从设备底部排出。

(五) 焚烧炉系统

1. 进料系统

进料装置不但要保证能稳定地进料，有高效的密封效果，最重要的是能保证操作人员的安全。系统采用螺旋进料方式，进料仓内保证一定的料位，从而达到料封的效果。进料的螺旋电机采用变频设计，根据炉内温度状况调节进料量。为了中央控制系统能对上料、加料系统运行状况进行监控，可配置一台工业摄像装置，并将信号传至中控室。

一次上料量约为 1.5 t，料斗内最低料量保持在 1.5 t 以上，如此反复进行上料。

进料装置还应具有双重翻板设计，防回火和防烟气外泄，确保进料系统处于负压状态，有效防止热气体和其他有害气体逸出，并耐高温和耐腐蚀。进料口配置双层进料阀，原料仓料卸到双层进料阀内，上层阀关闭，打开下层阀卸料至炉体内，保持气密性，以保证炉内焚烧工况的稳定。

2. 焚烧炉

焚烧炉由主燃室、二燃室、除渣装置、辅助燃烧系统、空气配给系统及管配件等组成。

主燃烧炉为回转窑式结构，炉外壳采用钢板制作，窑体内为耐火保温砖砌结构，可有效地减少炉内外的传热。主燃室长为 12 m，窑体有效直径为 2.2 m，内壁用高铝质耐火材料砌筑，可在高温下长期可靠地工作。由于筒体旋转且提高长径比，物料与空气混合充分，气化速率快，燃尽率较高。物料在窑内通过干燥预热、高温燃烧、翻动后，烟气进入二燃室进行再次燃烧，主燃室出口烟气温度控制为 800℃～850℃。

焚烧炉助燃空气提供含油岩屑干燥的风流和风温，同时也翻动物料，加强回转窑内烟气的扰动，提高物料的传热传质。

焚烧炉设有辅助燃烧系统，根据油基岩屑的设计热值，辅助天然气燃烧系统需开启，天然气流量为 180 m³/h，以保证焚烧所需的温度和焚烧效果。

3. 二燃室

主燃室出口烟气温度为 800℃～850℃，烟气进入二燃室后，在二燃室四周切向喷入二次风，使得在二燃室中形成强烈的涡旋场，烟气中的可燃成分得以充分燃烧。同时二燃室采用独特结构设计，使二燃室兼有旋风除尘作用。二燃室出口烟温大于 1100℃。为了保证系统的安全性，在二燃室顶部设有防爆装置，在燃烧过程中即使发生爆燃，炉内压力也能通过防爆门紧急排放烟气得到释放，避免装置发生安全事故。

二燃室有效直径为 3 m，炉体高为 9.5 m。设计温度为 1100℃以上，最高耐温可达

1300℃，二燃室内衬采用耐高温浇注料。烟气在二燃室与二次助燃空气混合，继续燃烧升温，出口温度控制在 1200℃ 以内。烟气设计流速为 1.6 m/s，二燃室烟气停留时间为 3.3 s，并保证烟气中的有机物被完全分解。二次助燃空气强制切向供入二次风，较高的风速混合、扰动烟气，以保证烟气在高温下同氧气充分接触，并保证烟气在二燃室的滞留时间，其供风量大小可根据出口烟气的含氧量调整。

二燃室设置有辅助燃烧系统，根据油基岩屑的设计热值，辅助天然气燃烧系统需开启，天然气流量为 140 m³/h，以保证焚烧所需的温度和焚烧效果。选用的耐火材料充分考虑防腐要求，设置安全保护装置。天然气烧嘴需要的空气来源于二燃室助燃风机。

整个焚烧装置配置自动控制和监测系统，在线显示运行工况和尾气排放参数，并能够自动反馈，对有关主要工艺燃烧参数进行自动调节。

4. 燃烧空气系统

作为主燃室和二燃室空气的补充，提供主燃室内所需的空气和二燃室内残余可燃气体的燃烬和气流扰动。燃烧空气系统包括一、二次风吸风口，风管，一、二次风喷嘴出口，一次风，二次风。

一、二次风系统都由风机、风管和支架组成。同时，为了提高燃烧效果和保持二燃室的温度，在二燃室喷入二次风，以加强烟气的扰动，延长烟气的燃烧行程，使空气与烟气充分混合，保证烟气燃烧更彻底。一、二次风风量较大，可安装消音器降低噪音。

一次风的主要作用是为油基岩屑点火、燃烧氧化反应提供足量的氧气，焚烧炉的过量空气系数为 1.35。二次风的主要作用是调节二燃室烟气温度以及供油基岩屑中的挥发份、燃烧室内生成的 CO 气体、烟气携带的未燃尽飞灰等助燃以达到完全燃烧。为了使燃烧控制方便且节能，二次风机采用变频调速控制。焚烧炉运行时炉膛压力应保持为 −50～−20 Pa 的微负压状态，通过引风机控制来调节。

焚烧炉两侧墙与油基岩屑直接接触，局部温度较高，对两侧墙的保护采用冷却风的方式。侧墙是由耐火砖砌成的中空结构，炉墙外部安装保温层。冷却风从侧墙下部进入，流经耐火砖墙，达到冷却炉墙的目的。冷却风由单独设置的冷却风机提供，便于启停炉的控制。密封风用于焚烧炉驱动部件和炉排前部框架间隙的密封。

为了满足炉膛中烟气在 1100℃ 以上、持续时间在 2 s 以上的监测，二燃室炉膛要求设置不少于 3×2 的温度测点，即在炉膛烟气高温区域分 3 层布置，每层不少于 2 个炉膛温度测点。

风机的技术规格见表 2−3。

表 2-3　风机的技术规格

	一次风机	二次风机
工作介质	大气	大气
空气吸入温度	25℃	25℃
出口风压	1500 Pa	4500 Pa
风压裕量系数	0.8～1.35	0.8～1.35
风量	2500 m³/h	1300 m³/h
功率	2.2 kW	4 kW
材质	C.S.	C.S.

5. 助燃系统

燃料为天然气，由1套点火燃烧器和1套辅助燃烧器组成，主燃室1台，二燃室1台。

焚烧炉点火及辅助燃烧燃料采用天然气，由配气站引入DN200市政天然气管道，接点压力低于0.1 MPa。设置天然气调压站，市政天然气经调压满足点火燃烧器和辅助燃烧器的供气压力要求后送至燃烧器进气接口。单台焚烧炉冷态点火用气流量约为400 Nm³/h，辅助燃烧时主燃室用气流量为180 Nm³/h，二燃室用气流量为140 Nm³/h。

（1）点火燃烧器。

点火燃烧器布置在炉膛的侧壁，用于焚烧炉由冷态启动时的升温和停炉时的降温。焚烧炉点火时，使用燃烧器使炉出口温度升至400℃，然后含油岩屑混烧使炉温慢慢升至额定运转温度（800℃以上），若急剧升温，炉材的温度分布会发生剧烈变化，由于热及机械性的变化会使耐火材料的寿命缩短，故辅助燃烧器应进行阶段性的温度调整，以防温度的急剧变化。

停炉与启动时使用辅助燃烧器使炉温慢慢下降和升高，可以防止温度的急剧变化，并使燃烧炉排上残留的未燃物完全燃烧。

（2）辅助燃烧器。

辅助燃烧器布置在炉膛的后墙，其作用是保持主燃室出口烟气温度为800℃～850℃和二燃室烟气温度在1100℃以上。根据油基岩屑的设计热值，主燃室和二燃室的辅助天然气燃烧系统需开启，主燃室天然气流量约为180 m³/h，二燃室天然气流量约为140 m³/h。

焚烧炉运行过程中，根据焚烧炉内测温装置的反馈信息，辅助燃烧装置自动投入运行，投入辅助燃料来确保主燃室烟气温度达到800℃～850℃，二燃室烟气温度达到1100℃以上，并持续至少2 s。辅助燃烧器在不运行期间有自动退出炉膛的功能。

6. 焚烧炉的主要技术规格和参数

焚烧炉的主要技术规格和参数见表2—4。

表2—4 焚烧炉的主要技术规格和参数

性能参数名称	单位	数据
焚烧炉类型		回转窑
回转式焚烧炉的外形尺寸	m	Ø2.8×12
二燃室尺寸	m	Ø3.6×9.5
外壳材质		C. S.
额定油基岩屑处理量	t/d	100
设计油基岩屑处理量	t/d	120
油基岩屑低位热值	kJ/kg	2856
焚烧炉年正常工作时间	h	7200
设计使用寿命	a	>15
主燃室温度	℃	800~850
二燃室温度	℃	≥1100
物料在焚烧炉中的停留时间	min	100
烟气在二燃室中的停留时间	s	≥2
助燃空气过剩系数		1.35
助燃空气温度	℃	常温
焚烧炉允许负荷范围	%	80~120
炉渣热灼减率	%	<5
燃烧效率	%	≥99
焚毁去除率	%	≥99
燃烧室出口烟气中CO的浓度	mg/Nm^3	<80
燃烧室出口烟气中O_2的浓度	%	7

7. 焚烧炉烟气

物料经过主燃室和二燃室充分焚烧，进入余热回收系统，二燃室出口烟气的参数如下：

（1）工作介质：烟气。

（2）出口温度：1200℃。

（3）出口压力：—800 Pa。

（4）烟气量：11500 Nm^3/h。

（六）余热回收系统

油基岩屑焚烧产生的高温烟气是一种热源，对其加以回收利用可降低整个系统的运行成本，提高经济效益，同时可减轻尾气处理的负荷。根据工程运行实例，可充分利用550℃～1100℃这一区间的烟气余热。因为在这一区间的逐渐降温会使二噁英等有害气体再生成的可能性增大，而骤冷过程则可有效抑制有害物质的再生。因此，只考虑利用焚烧炉出口烟温550℃～1100℃这一区间的烟气余热。

余热是利用水冷旋风除尘器回收烟气在550℃～1050℃温降时所提供的能量。热水进口温度为60℃，出口温度为90℃，热水循环量为43 t/h，循环热水通过热水换热器生产34 t 70℃的热水，可以提供洗澡和供热。

由于余热利用为辅，焚烧为主，所以余热利用的前提是保证工况稳定。水冷旋风出来的热水不能直接外售，需防止运行缺水或水超温沸腾。外售热水是通过换热器换热产生的，这样可以防止外售水消耗量波动影响工况。在外售热水用不完的情况下，用冷却塔释放热量。

水冷旋风除尘器设有蒸汽排口，当工况不稳定时，热水沸腾产生蒸汽，需及时放空蒸汽，防止设备压力过高而带来安全隐患。

（七）烟气净化系统

焚烧炉产生的烟气中含有酸性气体、重金属、二噁英等有毒有害成分，在排放之前必须对其进行处理。烟气净化标准遵照《危险废物焚烧污染控制标准》（GB 18484—2001）。大气污染物排放限值见表2—5。

表2—5 大气污染物排放限值（焚烧容量≥2500 kg/h）

序号	项目	单位	数值含义	限值
1	烟尘	mg/m³	测定均值	65
2	烟气黑度	林格曼级	测定值	1
3	一氧化碳	mg/m³	小时均值	80
4	二氧化硫	mg/m³	小时均值	200
5	氯化氢	mg/m³	小时均值	60
6	氟化氢	mg/m³	小时均值	5
7	氮氧化物	mg/m³	小时均值	500
8	镉及其化合物	mg/m³	测定均值	0.1
9	砷、镍及其化合物	mg/m³	测定均值	1.0

序号	项　　目	单位	数值含义	限值
10	铬、锡、锑、铜、锰及其化合物	mg/m³	测定均值	4.0
11	二噁英类	ng/m³（TEQ ng/m³）	测定均值	0.5

为了确保焚烧炉尾气达标排放，采用"SNCR脱硝（喷尿素溶液）＋水冷旋风除尘器＋急冷塔＋活性炭及消石灰喷射＋布袋除尘器＋碱液喷淋吸收塔"组合的烟气净化系统。

1. SNCR脱硝

焚烧系统燃烧室采取工艺措施控制氮氧化物的浓度。物料燃烧时需要补氧，补入的空气中有一部分过剩的氧气和氮气，在1300℃以上氧气开始氧化氮气，产生氮氧化物，在1500℃以上氮氧化物剧烈生成。所以焚烧室最高温度应控制在1200℃以下，防止氮氧化物生成。但是由于物料自身性质，物料燃烧的火焰温度可能会高于1300℃，所以焚烧产生氮氧化物是不可避免的。通过合理的配风比例和热工计算，把最高温度控制在1200℃以下，防止在超高温度时停留时间过长，氮气被氧化。氮氧化物浓度一般都在150 mg/m³以下，完全可以达到《危险废物焚烧污染控制标准》。根据《危险废物处置工程技术导则》的要求，危险废物处置设施需设置必要的在线监测系统，在线监测内容应包括系统运行的工况参数，因此回转窑应设置焚烧工况在线监测系统。

为保证烟气中NO$_x$排放浓度达到500 mg/Nm³，设置SNCR脱硝系统。回转窑焚烧炉内氮氧化物的形成主要与燃烧温度有关，空气中的氮在高温条件下与氧反应生成氮氧化物。这一复杂过程主要与燃烧时局部的氧含量、温度和氮含量有关。

通过优化燃烧和后燃烧工艺，减少氮氧化物的产生，并设置一套SNCR脱硝系统，通过在水冷旋风除尘器进口通道将还原剂尿素从800℃～1100℃烟气高温区喷入进行化学反应去除氮氧化物，将NO$_x$还原成N$_2$，可以使烟气中NO$_x$含量降到500 mg/Nm³以下。

SNCR还原NO$_x$的反应对于温度条件较为敏感，一般炉膛上还原剂喷入点的温度选择为850℃～1100℃。该技术工艺简单，操作便捷，不需要催化剂床层，因而初始投资相对于SCR工艺来说要低得多，但脱硝效率较低，一般为25%～40%。

目前，还原剂来源主要包括液氨、尿素和氨水。液氨虽然已成功地被全世界的烟气脱硝系统使用了20多年，但它具有最大的安全风险、最高的核准费用和最多的法规限制。而尿素的贮存运输及供氨系统不需要特殊的安全防护，被认为是安全的脱硝还原剂；设备占地面积小，对周围环境要求较低。因此，现在常使用尿素作为还原剂。

SNCR脱硝系统主要由下列设备组成：

（1）尿素溶解罐。

（2）尿素溶液储存罐。

（3）尿素溶液供应泵。

（4）尿素溶液管线搅拌器。

（5）尿素溶液喷射喷嘴。

（6）管道、阀类及仪表类。

（7）尿素溶液控制柜。

2. 水冷旋风除尘器

回转窑出来的气体温度为 1050℃～1100℃，进入夹套水冷旋风除尘器，去除富含二噁英的粒子，同时降低气体温度，进行余热回收利用。但水冷旋风除尘器只能去除直径在 10 μm 以上的大颗粒粉尘，无法有效去除直径为 5～10 μm 的粉尘，因此只能视为除尘的前处理设备。

3. 急冷塔

水冷旋风除尘器出口高温烟气急速冷却是在急冷塔中完成的。水冷旋风除尘器出口烟气温度为 500℃～550℃，急冷塔内部配有耐腐蚀浇注料。

根据降温需要的喷水量和喷枪的角度来设计急冷塔。急冷塔需要的喷水量为 1100 kg/h（最大），喷枪雾化角度为 20°，并根据雾化工艺和历史经验得出所需要的急冷塔的截面积和高度。

急冷塔原理：使含酸性的气相有害烟气与含碱性的化学溶液雾滴群（0.5％～2％ NaOH 溶液）在塔内发生充分中和反应生成盐类，水雾在高温下迅速蒸发，完成脱硫、脱酸、蒸发、烟气降温全过程，反应后得到的固体从塔底部排出，被蒸发的水蒸气、反应后的烟气及粉尘经高温布袋过滤除尘后收集，使排出的气体符合国家排放标准。

烟气在急冷塔内设计成 1 s 内迅速由 500℃降至 200℃，可有效避免二噁英类物质的重新合成，急冷时间由急冷塔的有效尺寸和喷水量等确定。急冷效果的好坏取决于喷枪的角度、雾化颗粒（即雾化效果）和急冷塔的材质。

配套设备的配置：管路电动比例调节阀开度与急冷塔出口温度联锁控制；要求急冷塔出口温度控制为 160℃～200℃，一是确保布袋除尘器的滤袋正常运行，二是确保后续设备免受低温烟气的腐蚀。

采用喷水为主的冷却方式，根据各种喷嘴的特点，采用二流体喷枪，即通过压缩空气来对水进行雾化。另外，由于所处环境为高温烟气，而且烟气中还有酸性气体，所以喷枪材质采用耐腐蚀、耐高温的不锈钢。

在急冷塔中，喷雾系统可以根据出口烟气温度的变化自动调节喷水枪的喷水量，保证急冷塔出口温度维持在适当的温度范围内。工作时，水箱中的水经过过滤器过滤、水泵增压，由水路调节系统调节压力和流量后送入喷枪；在喷枪中由于有压缩空气雾化，水被雾化成非常细小的颗粒，雾化颗粒在高温烟气中迅速蒸发，吸收烟气的大量热量，使烟气迅速降低温度，并维持在一定温度范围内。当出口烟气温度不在设定的工作范围时，急冷系统会自动调节供水压力、喷水量等相关参数，从而保证烟气温度在工作范围内，这些功能在相关程序控制器中实现，不会发生"过喷"和"欠喷"现象。

除此之外，还应设置水泵出口压力过高保护、防止水泵干运转、过滤器在工作状态下在线检查清洗等若干功能。特别是当喷枪在急冷塔内不工作时，应设计相应措施，以保证烟气中的灰尘不会进入喷嘴堵塞喷孔。

4. 活性炭及消石灰喷射

经急冷塔冷却后的烟气进入布袋除尘器，在进入布袋除尘器之前的管路上，消石灰通过喷入装置喷入管道内，与烟气进行化学反应，达到进一步脱酸的目的。基本化学反应式如下：

$$SO_3 + Ca(OH)_2 \Longrightarrow CaSO_4 + H_2O$$
$$SO_2 + Ca(OH)_2 \Longrightarrow CaSO_3 + H_2O$$
$$2HCl + Ca(OH)_2 \Longrightarrow CaCl_2 + 2H_2O$$

烟气净化处理系统中采用消石灰喷入的供料装置，吸收剂装置设置在急冷塔与布袋除尘器之间，通过烟道上的吸收剂混合器，使吸收剂均匀地混合于烟气中，并在布袋除尘器袋壁上沉积，形成滤饼，使沉积的吸收剂继续吸收烟气中的气态污染物。利用消石灰的中和反应能力，在急冷塔和布袋除尘器之间串联干式反应装置，消石灰粉末通过定量给料装置进入烟气管道，烟气从管道进入文丘里反应器，石灰粉由高压空气喷入反应器，气固两相相遇，经过喉部时，由于截面积缩小，烟气速度增加，产生高速紊流及气、固的混合，使得烟气中的酸性气体与石灰粉充分接触反应，从而再次去除酸性气体。当烟气进入布袋除尘器后，未反应完全的消石灰粉末被吸附在布袋表面，继续吸附有害物质，与烟气中残留的酸性气体进行反应。反应装置主要包括消石灰储仓、定量螺旋输送器等。喷入消石灰的量为 $0 \sim 15$ kg/h，消石灰储仓容积为 2 m³。

由于焚烧烟气中通常含有一定浓度的二噁英、重金属等危害物，而重金属污染物源于焚烧过程中的蒸发，因此随着烟气温度的降低，重金属凝结成粒状物被捕集而去除。熔点温度较低的重金属元素无法充分凝结，但在飞灰表面催化作用下会形成熔点温度较高且较易凝结的氧化物或氯化物，特别是砷和铬大部分吸附在飞灰颗粒上而被捕集下来，因此系统中考虑通过喷入活性炭的方式来吸附烟气中的二噁英及重金属。在烟气进入布袋除尘器前，向烟道内喷入粒度约为 300 目的活性炭粉末，这些活性炭粉末进入除尘器后同样被截留在布袋表面，当烟气通过布袋时，烟气中的二噁英及重金属被活性炭吸附而得到净化。

袋装活性炭从厂外运来，由人工将活性炭倒入活性炭仓内，再从活性炭仓底部的螺旋输送机，通过文丘里供料管由高压空气将活性炭用高压管（耐磨）接入脱酸塔出口烟气管道中，对着烟气流向喷入，依靠烟气气流使其散播于气流中，在烟气管中延长两者接触时间，吸附重金属和二噁英的活性炭颗粒最后附着在布袋除尘器的滤袋壁上，而且还可继续吸附烟气中的重金属和二噁英，最后随布袋除尘器清灰落入灰斗中，同除尘器落灰一起排出。

活性炭是一种较新型的高效吸附剂。利用活性炭的多孔性和吸附能力可吸附烟气中的二噁英及其他碳氢化合物。污泥活性炭的微孔范围为 0.5～1.4 mm，比表面积大，对各种有机和无机气体、水溶液中的有机物、重金属离子等具有较大的吸附量和较快的吸附速率，其吸附能力比一般的活性炭高 1～10 倍，特别是对一些恶臭物质的吸附量比颗粒活性炭要高出 40 倍左右。喷入活性炭量为 0～5 kg/h，活性炭储仓容积为 2 m³。

5. 布袋除尘器

带着较细粒径粉尘的烟气继续进入布袋除尘器。烟气由外经过滤袋时，烟气中的粉尘被截留在滤袋外表面，从而得到净化，再经除尘器内的文氏管进入上箱体，从出口排出。附集在滤袋外表面的粉尘不断增加，使除尘器阻力增大，为使设备阻力维持在限定范围内，必须定期消除附集在滤袋表面的粉尘。由 PLC 控制定期按顺序触发各控制阀开启，使气包内的压缩空气由喷吹管孔眼喷出（称一次风），通过文氏管，诱导数倍于一次风的周围空气（称二次风）进入滤袋，使滤袋在一瞬间急剧膨胀，并伴随着气流的反向作用，抖落粉尘。被抖落的粉尘落入灰斗，经螺旋出灰机排出，进入灰罐，大部分被分离出来的石灰粉尘再被送入半干式喷雾干燥塔循环利用，提高石灰粉的利用效率。布袋除尘器采用气箱脉冲清洗式分室反吹，清灰采用压缩空气，从滤袋背面吹出，使烟尘脱落至下部灰斗。除尘器采用 PLC 控制吹灰。

烟气除尘布袋采用耐酸碱腐蚀的聚四氟乙烯（PTFE）材质，最高瞬间可耐 250℃。主体部分由框架、分气室、上下花板、滤袋工作室、灰斗等组成，外加支柱、检修平台、扶梯、旁通烟道和阀门等。

为了防止酸和/或水的凝结，布袋除尘器将配备保温及伴热。保温层厚度足以避免器壁温度低于露点。

为了防止灰和反应产物在布袋除尘器、输送系统以及设备的有关贮仓内搭桥和结块（比如料斗、阀门、管道等），这些设备的外壁均考虑采用加热系统。布袋除尘器的料斗采用电伴热。

布袋除尘器的滤料耐温高于入口烟气的最高温度，即使进入的烟气温度未下降，也不会对布袋除尘器的滤料造成损坏。除尘器灰斗安装电伴热，以确保其温度不低于140℃。在低温启动时，在导入烟气（温度在140℃以下）之前必须将灰斗预热到至少140℃。

在启动和短期停止期间，在布袋除尘器上游烟道上喷入 $Ca(OH)_2$ 粉末，用于在布袋除尘器滤袋需要保护时加到滤袋的迎灰表面上去。调试期间料斗必须干燥保温，以防止冷凝，因为一旦有冷凝液产生，就会妨碍除灰的效果。灰尘料斗上配备成熟的灰拱破碎装置，该装置布置在每支灰斗的外壁上，作为永久设备。当布袋除尘器运行时，可以在灰斗下的平台上对其进行操作。灰斗下部配备了输送机、旋转阀和旋转密封阀。考虑到检修以及布袋更换等问题，布袋除尘器采用多室设计，在线更换布袋。为了在系统不正常时保护滤袋，布袋除尘器设置烟气旁路。烟气旁路采用内衬耐热橡胶密封以及汽动、电动蝶阀，关断和开启速度快、时间短，密封效果好。

布袋除尘器的主要技术规格和参数见表2-6。

表2-6　布袋除尘器的主要技术规格和参数

指　标	数　据
进口烟气温度	180℃~200℃
总过滤面积	800 m²
过滤风速	0.8 m/min
阻力	≤1500 Pa
布袋材质	聚四氟乙烯（PTFE）
正常使用温度	180℃~220℃
瞬间使用温度	250℃
滤袋正常使用寿命	≥22500 h
清灰方式	脉冲清灰
除尘效率	>99.99%
漏风率	<3%

6. 碱液喷淋吸收塔

布袋除尘器尾气最后进入碱液喷淋吸收塔脱酸，之后通过50 m烟囱达标排放。焚烧尾气处理系统中最常用的湿式洗气塔是对流操作的填料吸收塔，尾气与向下流动的碱性溶液不断地在填料空隙和表面接触、反应，使尾气中的污染气体被有效吸收。使用碱性药剂NaOH溶液（质量分数为15%~20%），湿式洗气塔的最大优点是酸性气体的去除效率高，HCl去除率为98%，SO_x 去除率在90%以上，并附带有去除高挥发性重金属物质的潜力。

使用碱液作为喷淋液，在脱硫过程中，烟气夹杂的烟尘同时被循环水湿润而捕集进入循环水，从脱硫除尘器排出的循环水变为灰水（稀灰浆），一起流入沉淀池，烟尘经沉淀定期清除，可回收利用，如制砖等。上清液溢流进入反应池，与投加的石灰进行反应，置换出的氢氧化钠溶解在循环水中，同时生成难溶解的亚硫酸钙、硫酸钙和碳酸钙等，通过沉淀清除，可回收利用，是制水泥的良好原料。洗气塔的碱性洗涤溶液采用循环使用方式，当循环溶液的含盐度达到 20％时，需排泄掉循环水，补充新鲜的 NaOH溶液，以维持一定的酸性气体去除效率，约 2 个月换一次水。根据《危险废物焚烧污染控制标准》的要求，焚烧量大于 2500 kg/h 的焚烧炉排气筒最低允许高度为 50 m。

（八）飞灰和炉渣处理系统

焚烧处理过程中灰渣主要来自回转窑焚烧炉尾部，飞灰主要来自水冷旋风除尘器、半干式反应塔、干式反应器和布袋除尘器。

1. 除渣系统

油基岩屑焚烧后产生的不燃物和炉渣通过螺旋除渣机连续排出。焚烧炉总炉渣量约为焚烧岩屑量的 80％。焚烧炉配置 1 台螺旋除渣机，油基岩屑在回转窑内完全燃烧后，炉渣掉入出渣斗，再通过螺旋出渣机送至水夹套冷却仓冷却至常温，然后利用炉渣抓斗起重机装入运渣车。出渣斗与螺旋出渣机之间有足够高差，可以避免烟气逸散。

产生的炉渣堆放在厂区的临时堆渣棚内，临时堆渣棚可堆放项目产生的炉渣量约为5 d。炉渣不可露天堆放，需修建专门的临时堆棚。堆渣棚内炉渣渗水经防漏地沟进入污水处理站，处理后回用于除渣机，防护堤内地表面需采取防渗漏措施。

油基岩屑属于含油废物，列入《国家危险废物名录》，废物类别为 HW08 废矿物油。岩屑所带分解完全在焚烧炉高温作用下已油分，从焚烧炉燃烧后的残渣主要是不可燃的无机物，因经高温作用，基本没有可分解的有机物质、重金属和无机污染物，属于一般惰性固体废物，故可综合利用。

2. 除灰系统

产生的飞灰包括水冷旋风除尘器、半干式反应塔、干式反应器、布袋除尘器的排灰。

（1）飞灰输送及处理系统。

从水冷旋风除尘器、半干式反应塔、干式反应器、布袋除尘器灰斗下开始，至飞灰储罐为止，包括半干式反应塔、干式反应器、布袋除尘器飞灰的收集、输送、贮存设备、驱动装置、辅助设施以及其他有关设施。飞灰输送采用机械输送方式。焚烧线收集的飞灰排放到板式输送机上（可用挡板实现切换），经斗式提升机输送到飞灰储罐。贮灰罐应设有料位指示、除尘和防止飞灰板结的设施，并宜在排灰口附近设置增湿设施。焚烧飞灰属于 HW18 类危险废物焚烧处置残渣，应固化后进行填埋处理。

（2）飞灰固化工艺及其流程。

根据稳定化基材和稳定化过程，飞灰的稳定化处理可分为水泥稳定化、沥青稳定化、熔融稳定化和螯合物稳定化等工艺。水泥是目前常用的一种稳定化基材。水泥作为结构材料使用已有近百年的历史。采用水泥作为主要稳定化材料的优点是价格低廉，有应用经验，技术成熟，处理成本低，工艺和设备比较简单。

在水泥稳定化过程中，水泥中的硅酸二钙、硅酸三钙等经水合反应转变为 $CaO \cdot SiO_2 \cdot mH_2O$ 凝胶和 $Ca(OH)_2 \cdot CaO \cdot SiO_2 \cdot mH_2O$ 凝胶等，包容飞灰后逐步硬化形成机械强度很高的 $CaO \cdot SiO_2$ 稳定化体。而 $Ca(OH)_2$ 的存在，不仅使物料具有较高的 pH，而且使大部分重金属离子生成不溶性的氢氧化物或碳酸盐形式而被固定在水泥基体的晶格中，能有效防止重金属的浸出。为了改善稳定化条件，提高稳定化效果，在稳定化过程中还可配以一定比例的有机螯合剂，以进一步确保稳定化。飞灰稳定化采用水泥＋螯合剂的稳定化工艺。

水泥稳定化过程包括飞灰和水泥的储存和输送、螯合剂的配制、物料的配料、捏合和养护等工序，其主要过程如下：烟气净化产生的飞灰通过斗式提升机输送至飞灰仓，散装水泥罐车通过压缩空气将散装水泥吹送至水泥料仓。飞灰稳定化车间还设有螯合剂罐、螯合剂注入泵、水槽和水泵。飞灰和水泥按设定比例计量后送至混炼机，混炼机将物料搅拌混合，并按比例均匀加入螯合剂溶液和水。

飞灰和水泥的输送均在密闭设备中进行，物料储存和输送设备均设有通风除尘设施。飞灰稳定化系统的所有设备可通过就地控制盘自动连续运行，主要运行信号送至DCS 系统，同时每个设备也可以分别就地手动操作。

（3）飞灰固化规模及其工艺设备。

飞灰固化设备主要有灰库、水泥库、盘式定量给料机、可变速螺旋给料机、飞灰混炼机、螯合剂供给装置和养生皮带输送机。设备采用全密封设计，能有效防止飞灰、气味的外扬，更好地保护环境。同时还配有通风加热系统，防止稳定化产物结露并有适当烘干功能。所采用的飞灰固化工艺中，水、水泥和螯合剂的添加量分别为飞灰量的20%、15%和 2%。

（九）自动控制系统

自动控制系统是油基岩屑焚烧工程的一个重要组成部分，其目的是通过高度自动化的控制设备以及结合先进的焚烧方法，使处理出来的废物达到所要求的标准，同时节省人力、物力和财力。自动控制系统的建设充分利用数字化信息处理技术、网络通信技术和工业控制技术，使焚烧自动控制的处理过程、处理参数、计量和管理等系统运行实现数字化和网络化，使焚烧工程的生产与经营管理具有更高的效率和效益，达到有效利用生产资源、优化配置水平的目的。

自动控制系统采用先进的现场分散式控制系统（DCS），整个系统分为三级，包括中央控制室、各个分控终端和现场在线测量仪表。现场各种数据通过 PLC 采集，并通过现场高速数据总线传送到焚烧车间中控室集中监视和管理。同样，中控室主机的控制命令也通过上述高速数据总线传送到现场 PLC 的测控终端，实施各单元的分散控制。

现场终端设备由可编程序控制器 S7－400PLC 组成，以 PLC 器件构成分控站，通过以太网络，将 PLC 与网络交换机、操作工作站相连，构成一个局域以太网。PLC 作为分控站，可以与现场的变送器、自动化仪表相连，进行数据通信、数据处理和数据管理。信号通过自动化仪表反馈到 PLC，通过 PLC 进行控制和数据处理，然后对控制对象进行管理，完成对中控线各个过程的分散控制。分控站与中控室系统间用通信网络连在一起。

焚烧车间控制系统包括焚烧和烟气净化 PLC 控制系统。主控制室内设置两台工控机：一台为操作人员站作实时显示，对各分站进行监控管理；另一台为工程师站作数据处理，并配一台彩色打印机以供数据报表打印使用。

系统的控制分为远程控制和就地控制。

1. 远程控制

当控制柜方式选择开关被切换到远程控制后，操作人员可选择自动或手动控制方式。在自动方式下，PLC 按联动、联锁各种逻辑关系控制设备的启动和停止。中控室操作人员可根据现场情况向下发出调度控制指令，调整设备运行状态达到工艺要求。中控室操作人员也可以选择远程手动方式，直接手动控制单个现场设备。

2. 就地控制

就地控制级别高于远程控制。当控制柜方式选择开关被切换到就地控制后，控制中心的调度控制指令被封锁，设备在 PLC 的控制下自动运行。在就地手动方式下，现场操作人员通过控制柜上的手动按钮启动和停止设备，控制柜提供基本的控制联锁。系统主要有以下自动控制对象：

（1）自动燃烧控制：焚烧炉燃烧的自动调节主要包括炉膛温度和压力的调节以及控制合理的废物量与空气的配比。

（2）炉膛温度控制。

（3）压力控制：为了防止炉内烟气外溢，焚烧炉是在微负压（－20～0 Pa）下运行的，在炉膛内安装压力检测点，根据反馈信息控制鼓风机、引风机的动作。

（4）焚烧炉燃烧空气控制。

（5）焚烧炉出口烟气温度监视，燃烧器控制和监视。

（6）通过调节炉内烟气温度和烟气含氧量控制燃烧速率，炉膛负压控制。

（7）焚烧炉出口含氧量与空气流量联动控制。

（8）除尘器入口烟气温度控制，旁路阀门及冷风掺入阀门的开度，除尘器反吹风脉冲阀控制。

（9）碱液喷送系统的控制。

（10）尾气系统烟气排放的在线检测，排烟温度控制。

（11）活性炭储仓料位控制。

（12）引风机出口烟气温度和阀门开度的控制和监测。

（13）烟囱 O_2、NO_x、SO_2、温度、压力、CO、烟尘等参数的在线监测。

二、污染防治

（一）大气污染防治

焚烧过程中产生的气体主要含有 CO_2、水蒸气和过量的空气，而有害元素则转变为 NO_x、SO_x、HCl 以及可挥发的金属及其化合物，同时可能含有极少量的未燃成分，烟粉尘也混杂在排放物中，并且含有有机剧毒性污染物（二噁英等）。

1. 烟尘

油基岩屑中存在大量的 SiO_2、Al_2O_3、MgO、CaO 等无机物，在焚烧过程中大部分不燃物以灰渣形式滞留在炉窑中，灰渣中的部分小颗粒物质在热气流携带作用下，与燃烧产生的高温气体一起在炉膛内上升并排出炉口，形成了烟气中的颗粒物，主要由焚烧产物中的无机组分构成。颗粒物粒径为 $10\sim200~\mu m$，并吸附了部分重金属和有机物。根据工程设计，焚烧炉出口烟气流量为 $11500~Nm^3/h$，烟气中烟尘的浓度为 $8970~mg/Nm^3$，排放速率为 $103.155~kg/h$。

2. 酸性气体

（1）SO_2。

产生的 SO_2 主要来源于油基岩屑中的硫分（含硫率 2.268%），以及天然气燃烧产生的 SO_2，天然气含硫量为 $21.3~mg/Nm^3$。对于 SO_2 气体来说，回转窑焚烧系统本身就是一种脱硫装置，燃料燃烧产生的 SO_2 可以与岩屑中的碱性物料（如 CaO、MgO 等）

反应，生成硫酸盐矿物或固熔体，脱硫效率达 85% 以上。经物料平衡分析，烟气中 SO_2 的浓度为 777 mg/Nm³，排放速率为 8.93 kg/h。

（2）HCl。

油基岩屑中含有少量的 Cl 元素（0.419%），在回转窑内高温焚烧过程中会产生 HCl 气体。在窑内气流与碱性物料充分接触，有利于 HCl 的吸收，并以多元相钙盐或氯硅酸盐的形式进入灼烧基物料中。回转窑内高温、高碱性的环境可以有效地抑制酸性物质的排放，约 90% 的 Cl 被高温焚烧吸收形成含氯的硅酸盐，烟气中 HCl 的浓度为 152 mg/Nm³，排放速率为 1.746 kg/h。

（3）氮氧化物。

NO_x 是岩屑中含氮有机物、无机物在焚烧过程中产生的，天然气、过剩空气燃烧也会产生氮氧化物。烟气中的 NO_x 以 NO 为主，占 90%～95%，NO_2 占 5%～10%，还有微量的其他氮氧化物。类比水泥回转窑，烟气中 NO 的浓度为 750 mg/Nm³。

（4）P_2O_5。

P_2O_5 来源于油基岩屑，含量约为 0.12%，为酸性氧化物。由于在窑内气流与碱性物料充分接触，回转窑内高温、高碱性的环境可以有效地抑制酸性物质的排放，约 90% 的 P_2O_5 以磷酸盐的形式进入炉渣，烟气中 P_2O_5 的浓度为 43.5 mg/Nm³，排放速率为 0.5 kg/h。

3. CO

CO 是由于物料中有机物不完全燃烧产生的。焚烧炉运行过程中，由于局部供氧不足或温度偏低等，有机物中的碳元素一部分被氧化成 CO_2，一部分被氧化成 CO。CO 的产生可表示为下列反应式：

$$C+O_2 \longrightarrow CO+CO_2$$
$$CO_2+C \longrightarrow CO$$
$$C+H_2O \longrightarrow CO+H_2$$

燃烧越完全，烟气中 CO 的浓度越低。CO 含量表示了焚烧炉运行的工况。理论上，保持物料完全燃烧就不会产生 CO。

4. 重金属

重金属在油基岩屑中以单质、化合物或其他化合物的形式存在。

油基岩屑经回转窑高温焚烧后，岩屑中重金属的最终去向一般有两个：一是经高温固相反应生成复合型矿物，被固化在炉渣中，并且这些重金属形成的复合型矿物的挥发温度很高，不会在系统内形成富集；二是以吸附态的形式跟随粉尘进入烟气，并随着粉尘一起被布袋收尘器捕集。涉及的重金属有砷、铬。

5. 二噁英

二噁英是指含有 2 个或 1 个氧键联结 2 个苯环的含氯有机化合物,包括多氯二苯并二噁英（PCDDs）和多氯二苯并呋喃（PCDFs）。二噁英在标准状态下是无色、无味、白色固态物质,熔点为 303℃～305℃,化学性质稳定,500℃开始分解,850℃以上高温下停留超过 2 s 即可分解 99.99%。在水中溶解度很低,常温下在水中的溶解度仅为 7.2×10^{-6} mg/L,易溶于二氯苯和脂类物质,能在人类和动物体内积累且难以排除,容易被土壤、矿物表面吸附,在土壤中的半衰期长达 9～12 年,在人类和动物体内的半衰期为 5～10 年,平均约为 7 年。二噁英是环境不易分解的持久性有机污染物（POPs）,是迄今发现的人类无意识合成的副产品中毒性最强的化合物,有致癌性、致突变性和致畸性的"三致"特性,同时具有生殖毒性,可造成免疫力下降、内分泌紊乱。其毒性因氯原子的取代位置不同而有差异,故在环境健康危险度评价中用它们的含量乘以等效毒性系数得到等效毒性量。

全球科学家经过 20 多年的研究,燃烧过程中二噁英的产生已经有几种被公认的机理。目前被普遍接受的有以下四种机理:

（1）直接释放。燃料中本身含有一定量的二噁英,在较低的温度下燃烧未被破坏,或经过不完全的分解破坏后继续存在于燃烧后的烟气中。

（2）高温气相生成。燃料不完全燃烧产生了一些与二噁英结构相似的环状前驱物氯代芳香烃,这些前驱物通过分子的解构或重组生成二噁英。二噁英前驱物可以是氯苯、氯酚等二噁英片段物质,也可能是脂肪族化合物、芳香族化合物、氯代烃类化合物。二噁英前驱物在有活性氯的氛围中,在燃烧后区域的高温段（大于 400℃,最有效的温度是 750℃）通过环化及氯化等过程形成二噁英。二噁英前驱物大都由燃料的不完全燃烧产生。

（3）固相催化合成。二噁英前驱物分子形成后,当遇到炉温不高或烟气、灰烬冷却后的低温区（250℃～450℃）时,经过飞灰上催化剂（如 Cu、Fe 等过渡金属或其氧化物）的吸附、催化作用,发生复杂的前驱物缩合反应而生成二噁英。前驱物的固相催化反应通常被认为是二噁英产生的主要来源。研究表明,由于前驱物固相催化和高温气相合成所需的前驱物大都由不完全燃烧产生,不完全燃烧产物的浓度与二噁英的生成量密切相关,可用其指示二噁英的生成量。

（4）从头合成。二噁英从头合成过程同样发生在低温区（250℃～450℃）,同样需要经飞灰中催化剂的催化,但其原料是大分子碳（残碳）与氧、氯、氢等基本元素。从头合成反应主要包含氧化反应和缩合反应等。氧化反应是指氧在碳表面,在催化剂作用下进行氧化降解作用，产生芳香烃氯化物。此外，氯在大分子碳结构边缘，以并排的方式进行氯化反应，生成邻氯取代基的碳结构物。缩合反应是指氧化反应提供了二噁英，生成所需芳香族羟基的结构，飞灰上的催化金属促使单环官能团芳香族（氯苯及氯酚等）缩合成二噁英。

针对二噁英类物质的形成机理，采用回转窑处置油基岩屑，可以有效控制二噁英的产生，主要表现在以下三个方面：

（1）从源头上减少二噁英产生所需的氯源。

油基岩屑中 Cl 元素含量非常小（0.419%），而这部分 Cl^- 在焚烧系统内与碱性物料充分接触，有利于 HCl 的吸收而以多元相钙盐或氯硅酸盐的形式进入灼烧基物料中，进入炉渣，很大程度上可以减少二噁英形成所需的氯源。

（2）高温焚烧确保二噁英不易产生。

二噁英形成的相关因素有温度、氧含量及金属催化物质（如 Cu、Ni）等，其中温度是较主要的因素。有关研究认为，当温度约为 340℃ 时，各类二噁英生成比率随温度上升而降低。当温度达到 850℃，至少持续 2 s，氧浓度大于 70% 时，二噁英类物质可完全分解为 CO_2 和 H_2O。

《危险废物焚烧污染控制排放标准》中规定，二次燃烧室焚烧温度应高于 1100℃，持续时间不少于 2 s。回转窑烧成系统不存在不完全燃烧区域，高温下有机物和水分迅速蒸发和汽化，随着烟气进入二燃室，在氧化条件下燃烧完毕，从而使易生成二噁英的有机氯化物完全燃烧，或已生成的二噁英完全分解。

（3）物料中的硫分对二噁英的产生有抑制作用。

有关研究证明，物料夹带的硫分对二噁英的形成有一定的抑制作用。一是由于硫分的存在控制了 Cl^-，使得 Cl^- 以 HCl 的形式存在；二是由于硫分的存在降低了 Cu 的催化活性，使其生成了 $CuSO_4$；三是由于硫分的存在形成了磺酸盐酚前体物或含硫有机化合物，抑制了二噁英的生成。

可燃物燃烧生成水蒸气和 CO_2，使硫转化成 SO_3^{2-}，随即与岩屑分解产生的活性 CaO 和 MgO 反应生成了 $CaSO_4$ 和 $MgSO_4$；Cl^- 和碱性物料结合，最终以多元相钙盐或氯硅酸盐的形式进入灼烧基物料中。高碱性的环境可以有效地抑制酸性物质的排放，使得 SO_3^{2-} 和 Cl^- 等化学成分化合成盐类固定下来，有效地避免二噁英的产生。二噁英排放浓度为 $0.1\ ngTEQ/Nm^3$。

为了确保焚烧炉尾气达标排放，采用"SNCR 脱硝（喷尿素溶液）＋水冷旋风除尘器＋急冷塔＋活性炭及消石灰喷射＋布袋除尘器＋碱液喷淋吸收塔"组合的烟气净化系统。

岩屑由汽车运进厂后卸入岩屑暂存仓内，焚烧炉产生的炉渣堆放在厂区的临时堆渣棚内，焚烧线收集的飞灰排放到板式输送机上，经斗式提升机输送到飞灰储罐，物料的运输、储存措施避免了下雨天气物料流失和有风天气扬尘大量无组织排放的严重情况。但岩屑、炉渣、飞灰等在堆棚内卸车、装载机上料等过程中仍有少量扬尘产生，形成无组织排放。

粉尘的无组织排放量与物料的湿度、风速大小、物料制作方式、料棚的结构形式均有关。岩屑比重大，其物料含水率约为 10%，装卸时产生的扬尘量小。各物料在堆棚内卸车，进料过程中扬尘量按有组织排放量的 5% 计算，全年无组织排放扬尘量估算约为 0.186 t。

（二）水污染防治

生产废水包括主厂房地面冲洗水、车辆冲洗水、卸料台冲洗水和喷淋塔排水。定期对主厂房、贮存仓、卸料间进行冲洗，冲洗水量约 7 m³/次；运输岩屑的车辆出厂前需进行冲洗，冲洗水量约 3 m³/d。碱液喷淋塔用水量约 20 t/h，蒸发水量约 0.3 t/h。喷淋废水循环使用，当循环溶液的含盐度达到 20% 时，需排泄掉循环水，补充新鲜的 NaOH 溶液，以维持一定的酸性气体去除效率。约 2 个月左右换一次水，每次排放约 20 t。该部分浓盐水进入带调节阀的单独废水池中储存，按配比进入污水处理系统主调节池。

主厂房地面冲洗水、卸料区和车辆冲洗水等进入厂区废水处理站，处理后全部回收，用于出渣冷却。建造岩屑堆场、渣棚防护堤（围堰）、装置防漏外逸地沟和事故收集池。

污水处理流程如图 2—6 所示。

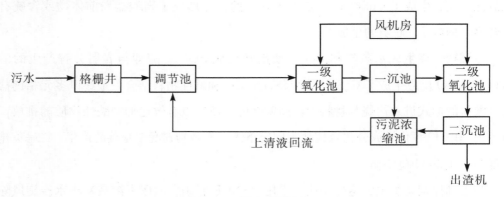

图 2—6 污水处理流程

（三）地下水污染防治

地下水污染防治坚持"源头控制、末端防治、污染监控、应急响应"的原则，采取主动控制和被动控制相结合的措施。

结合各生产设备、贮存与运输装置、污染物贮存与处理装置、事故应急装置等的布局，根据可能进入地下水环境的各种有毒有害原辅材料、中间物料和产品的泄漏（含跑、冒、滴、漏）量及其他各类污染物的性质、产生量和排放量，将全厂主要生产单元划分为重点污染防治区和一般污染防治区。污染防治分区情况见表2-7。

表2-7　污染防治分区情况

区域名称		分区类别	措施
生产装置区	卸料平台区	重点污染防治区	环氧树脂膜＋抗渗混凝土地坪＋刚性垫层铺砌地坪
	岩屑仓区	重点污染防治区	
	焚烧炉主厂房	重点污染防治区	
	炉渣临时堆渣棚	重点污染防治区	
	烟气净化区	重点污染防治区	
贮存区	尿素贮仓	一般污染防治区	
	消石灰贮仓	一般污染防治区	
	活性炭料仓	一般污染防治区	
	飞灰固化间（含飞灰贮仓）	重点污染防治区	
公辅区	主控楼	一般污染防治区	抗渗混凝土地坪
	综合泵房	一般污染防治区	
	空压站	一般污染防治区	
	升压站	一般污染防治区	
	化学水处理站	一般污染防治区	
	冷却塔	一般污染防治区	
	回用水装置	一般污染防治区	
	机修间	一般污染防治区	
	仓库	一般污染防治区	
	厂区污水处理站	重点污染防治区	环氧树脂膜＋抗渗混凝土地坪＋刚性垫层铺砌地坪
	车辆冲洗台	重点污染防治区	

建造岩屑堆场、渣棚防护堤（围堰）、装置防漏外逸地沟和事故收集池；防护堤内地表面采取防渗漏措施；防护堤内泄漏的物料必须回收，防护堤外的物料尽可能回收，不得随意冲洗至排水沟。

对于工艺管线，除了与阀门、仪表、设备等连接可以采用法兰，应尽量采用焊接，防止泄漏；防止污染物的跑、冒、滴、漏，将污染物的泄漏环境风险事故降到最低限度。

定期进行检漏监测和检修，强化各相关工程的转弯、承插、对接等处的防渗，做好隐蔽工程记录，强化防渗工程的环境管理。

分区防渗，在重点防渗区域〔项目卸料平台区、岩屑仓区、焚烧回转窑主厂房、临时堆渣棚、烟气净化厂房区、污水处理站、飞灰固化间（含飞灰贮仓）等〕采用"环氧树脂膜＋抗渗混凝土＋刚性垫层"防渗处理（厚度不小于 100 mm，渗透系数≤10^{-10} cm/s），并设置地下水污染监控系统，防止地下水污染；一般防渗区域应采取抗渗混凝土地坪（渗透系数≤10^{-7} cm/s）。

建立地下水风险事故应急响应预案，明确风险事故状态下应采取的封闭、截流等措施。

习题

1. 对钻井油基岩屑资源化过程涉及的技术进行分析，总结工艺技术原理、运行工况条件、产能情况等。

2. 总结提炼焚烧炉系统和余热回收系统的组成、特征和运行要求。

3. 对 DCS、PLC 的含义、组成及应用情况进行探讨。

4. 对大气污染物的种类、来源和防治措施进行分析。

5. 评价污水处理工艺是否合理。

第三章　公共设施污染防治基础

第一节　垃圾转运站污染防治

　　垃圾转运站主要由垃圾压缩房、车库、管理用房和辅助用房等组成。按照《生活垃圾转运站技术规范》（CJJ 47—2006）中转运站服务半径等规定的要求执行，服务范围内人均生活垃圾日产量按 2.5 kg 计。

一、运营过程

（一）垃圾运输

　　收运人员沿固定路线收集各垃圾收运点的垃圾，并运输至垃圾中转站。运输时间一般安排在凌晨和夜间，避开上下班高峰期，缓解城市交通压力，减少运输给市民带来的不利影响。

（二）垃圾卸载

　　将收运的生活垃圾卸载入垃圾压缩系统。收运人员严格按照卸载操作流程进行，卸载过程中降尘与除臭系统负责处理卸料过程中产生的粉尘与臭气。保洁工根据情况需求清扫卸料位，清扫洒落的垃圾。

（三）垃圾压缩

　　垃圾压缩系统将倒入的垃圾压实，减小垃圾的体积。采用自动压缩系统，垃圾集装箱装满后自动关闭箱门，然后推出装满的集装箱，自动更换成空的垃圾集装箱。将压滤液引入压缩箱体，并自带压滤液收集池。

（四）装车

通过推拉箱机械手将装满生活垃圾的集装箱移至垃圾转运车。

（五）转运车运输

将装满生活垃圾的集装箱按照制定线路运输到垃圾填埋场。

（六）卸料

将垃圾从转运车上卸下，运入垃圾填埋场。卸料之后的空集装箱由转运车直接运回垃圾中转站。

定期利用垃圾填埋场清洗设施对卸料后的垃圾转运车及集装箱进行清洗，清洗不在垃圾中转站进行。

基本工艺流程及产污环节如图 3－1 所示。

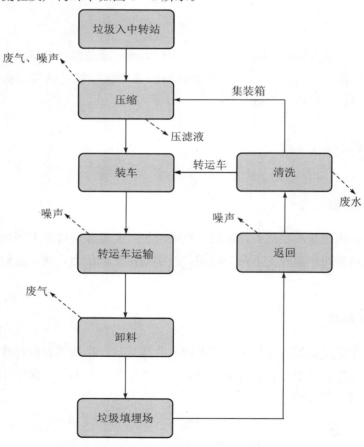

图 3－1 基本工艺流程及产污环节

垃圾中转站使用地上式后置水平压缩转运设备，压缩装置与转运箱体可分开。通过垃圾收集车将垃圾收集至中转站后，人工倾倒在垃圾压缩装置的压缩箱内，由压缩装置将垃圾在压缩箱内压缩紧实。压缩箱装满后由压缩装置和压缩箱之间的举升塔举升，并放置在垃圾专用运输车上。垃圾车直接将箱体运送至卫生填埋场后，通过运输车自身的吊臂和液压装置，自动将垃圾箱内的垃圾倾倒在填埋场内。

二、污染防治

（一）大气污染防治

转运站的废气主要来自垃圾倾倒和压缩过程，废气中的主要污染物是恶臭气体和粉尘，属无组织排放。

1. 恶臭气体

生活垃圾中易腐败物质丰富，在短时间内会产生发酵臭气。城市生活垃圾产生恶臭气体有两种途径：一种是垃圾成分本身发出的异味，另一种是有机物腐败分解产生恶臭气体。臭气的主要成分为 NH_3 和 H_2S，此外还有甲硫醇、甲胺、甲基硫等有机气体，这些气体挥发性较大，易扩散到大气中，而且部分气体有毒，刺激性气味也相对较大。恶臭气体主要产生在生活垃圾的卸料和压缩过程中。

防治措施如下：

（1）整个作业车间封闭式设计，且垃圾的压缩和装箱均在密闭良好的容器中进行，在收集车辆进出口处设置风幕，设置完整的吸风系统并能形成负压，防止臭气外溢，并在卸料大厅四周布置植物液喷淋系统，降解臭气。

（2）垃圾压缩设备房顶部设置除尘除臭抽吸风口，收集后的臭气经活性炭吸附装置处理后达标排放。

（3）在卸料槽上方设置喷淋、除臭系统，降低扬尘，降解臭气，车辆卸料时自动启动喷雾降尘，喷雾的同时加入高效生物除臭剂，通过除臭抽风系统进行活性炭吸附处理后高空达标排放，活性炭定期更换，废弃活性炭由厂家解吸处理。

2. 粉尘

在生活垃圾的倾倒卸料过程中，在坑口会产生粉尘，根据调查，目前主要依赖料槽的三面封闭和喷洒除臭剂防尘，该措施基本能满足粉尘无组织排放厂界达标。

（二）水污染防治

废水主要为垃圾压缩时产生的压滤液和冲洗废水。

1. 压滤液

垃圾中转站压滤液是指在垃圾压缩过程中所排放出的垃圾所含的水分,为高度污染的液体。压滤液是由于垃圾堆放、收集、运输过程中降雨的渗透进入垃圾内部以及垃圾自身所含的水分,经压缩工序排出而形成的。

垃圾填埋场渗滤液处理系统如图 3-2 所示。

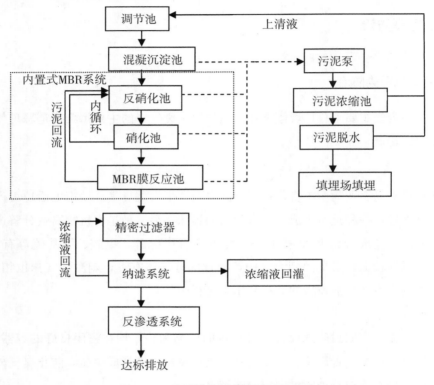

图 3-2　垃圾填埋场渗滤液处理系统

2. 冲洗废水

为了减少恶臭对周边环境的影响,在转运车将垃圾运送至填埋场倾倒后,垃圾运输车箱体在垃圾填埋场进行冲洗,依托该填埋场设施处理。对中转站设备进行除臭喷洒,除臭废水一同运送至垃圾填埋场进行处理。

习题

1. 分析垃圾转运站的主要环境问题,选择就近的垃圾转运站进行实地调查。

2. 如何解决垃圾转运站的大气污染问题?

3. 如何解决垃圾转运站的污水处理问题?

4. 调研垃圾转运站相关技术标准和规范，完成一座垃圾转运站的建设方案，需包括规模论证、选址分析、技术方案、环保措施等。

5. 调研目前城市主要采用的垃圾收运方式，选择你最熟悉的区域，设计最合理的垃圾收运路线，实现成本最小化，至少包含三条线路的对比分析。

第二节　湿地保护污染防治

湿地保护工程建设主要包括生态建设、景观建设、建筑建设、植物种植工程、土方工程、配套基建和景观小品安装等方面。

（1）生态建设主要包括区域水系梳理、水域构件、水工构筑物建造、水生动植物引进和表层清理等。

（2）景观建设包括木栈道、空中栈道、浮桥、园路、铺装、灯光、音响等构筑物和设施的建造以及植物景观的营造。

（3）建筑建设包括相关配套建筑和设施的建设。

（4）植物种植工程主要是在原有植被梳理的基础上，结合景观节点的营建，补充适量的乔木和观赏花草。

（5）土方工程主要结合公园内部水系和局部景观节点地形进行梳理和营造，辅以植栽土壤改良的置换土方外运。土方场内平衡，以减少工程土方量。

（6）配套基建主要包括园区内的景观排水和电气工程建设。

（7）景观小品安装包括座椅、垃圾箱、标识、景观雕塑、户外公用电话等设施的选择和安装。

一、建设方案

（一）建设原则

（1）最小限度地改变自然地形和植被，创造适宜休闲、游玩的生态景观区域。

（2）针对不同等级的防洪要求营造安全舒适的滨水开放空间。

（3）根据不同地形植被特征设计不同功能类型和强化场地本身的景观特色。

（4）满足周边住宅的各年龄段人群的使用需求，关怀老人、儿童的户外生活体验。

（二）功能分区

1. 蚕桑园主题区

桑林自成一体，是相对独立的区域，区域内以种植桑树为主，布置科普区、品茶区、采摘区等一系列的小型分区，并建立桑蚕科普基地，配置小型餐厅、远眺平台、科普教育等项目。

2. 生态湿地主题区

区域以打造原生态林地中的湿地花谷为景观特色，其间布置花岛琼荫、亲水平台、鸟笼景观盒、林间氧吧、创意艺术花园等一系列项目，并用环岛自行车道、漫步道等交通系统将其串联。

3. 群岛湿地主题区

构建鸟类栖息地，以人工的手法打造江河生态景观。同时可为鸟类迁徙营造一个良好的"驿站"，为本地物种提供一个生存环境，供游人领略自然风光。

4. 文化走廊主题区

打造一条自然与城镇的生态"隔离带"，同时提供一条城市生活漫步道。

（三）专项设计

弹性景观：结合 5 年一遇、10 年一遇洪水位进行设计，灵活应对水位消涨的弹性景观。保证大部分构筑物在 10 年一遇洪水位线之上，其他大部分为可淹型景观。

湿地植物：主岛与群岛湿地部分经过挖填方的处理，形成若干塘泡和深潭区域。种植耐湿耐涝的本地植物，打造湿地花泡、湿地塘泡，增加景观丰富性，促进生态环境的演化。

驳岸措施：利用传统分水鱼嘴工艺对流经主岛、群岛湿地的水进行分流引导，调节水量，并进行驳岸护岸处理。采用格宾网＋石笼挡墙＋抛石驳岸的复合型做法，充分利用场地资源，利用江岸存在的大量抛石，设计自然式的抛石驳岸。根据驳岸受冲刷力度的差异，分为堆积式驳岸和侵蚀性驳岸，分别采用石笼或柳条扦插等方式护脚。

（四）植物设计

桑蚕园植物区：整个区域被桑树所包围，打造一个桑蚕文化区。

生态湿地植物区：主要做补充和丰富植物品种的工作。在现有驳岸植被的基础上补充、丰富部分景观效果较好的植物，以便在将来带来更好的生态驳岸体验。重点突出丰水期与枯水期景观效果对比，选择丰水期、枯水期特色俱佳的植物品种。

群岛湿地植物区：以鸟为主，打造出一个适合鸟类生活的栖息地。种植适合鸟类生活以及搭巢的林木和灌木林，以保护和补栽为主。

文化走廊植物区：以丛植为主，达到与周边植被现状统一的效果。

泡泡植物区：以草本植物为主，部分场地片植，分三部分种植。第一部分为水泡，种植以净化为主的植物；第二部分为花泡，种植以观赏为主的植物；第三部分为稻泡，种植能为鸟类提供食物的植物。

选用的植物见表3—1。

表3—1 选用的植物

按观赏部位分类	
观叶	元宝枫、银杏、红叶李、日本红枫、鸡爪槭、枫杨、榉树等
观花	桂花、广玉兰、毛叶海棠、日本晚樱、白玉兰、大花月季、茶花、紫娇花、宿根天人菊、玉蝉花、千鸟花等
观果	柚子、槟榔、石榴、柑橘、枇杷、柿子、凤梨、香蕉等
按种植特色分类	
基调树种	桑树、小叶榕、香檀、刺桐、黄葛树、羊蹄甲、重阳木等（以桑蚕园植物区、生态湿地植物区为代表）
骨干树种	池杉、落羽杉、水杉、柳等（以生态湿地植物区、群岛湿地植物区为代表）
特色树种	海棠、三角梅、双色茉莉、象牙红、红叶石楠、天竺桂、桂花、紫金花等（以生态湿地植物区为代表）

（五）鸟类栖息地

栖息地模式如下：

（1）树岛：近水的高大树木，是莺类喜爱的栖息地。

（2）草岛：临近水面的草丛与灌木，为鸟类等提供栖息地。

（3）深潭：2~3 m的深水，有较大鱼类生存，是潜鸭等潜水鸟类的捕食场所。

（4）浅潭：浅水滩聚集了大量的软体动物和小型水生物，是莺类的最佳捕食场所。

（5）潭泡：潭泡提供了大量水生植物与昆虫，是软体动物的栖息地。

（6）密林：夜莺和池莺等喜爱的高大树木栖息地。

（7）营巢地、觅食地和缓冲区。

①营巢地：营巢地选择因素：食物供给量；巢捕食压力；巢址微栖息地适合度。营巢地面积参考：小型，3000~5000 m²；中型，5000~10000 m²；大型，>10000 m²。

②觅食地：觅食地选择因素：距营巢地的距离；食物的丰富度；取食的方便度；隐蔽的停息地。

③缓冲区：为候鸟提供一个安全隐蔽的环境，隔离人群，惊飞距离为 50～100 m；降低噪声，噪声会影响鸟类的交流和繁殖。一级缓冲区：作用为隔离视线，由于大多数莺鸟怕人，见人即飞，因此需要一定距离的隔离带，防止人对莺鸟营巢区的干扰。二级缓冲区：作用为隔离噪声，噪声会影响鸟类的交流和繁殖，保证莺鸟对自己种群鸣声的有效判别和接收，营造安心的觅食环境。

二、工程实施

（一）场地平整施工工艺

场地平整顺序视现场情况而定，按照整体规划用挖掘机和推土机先将临时运输通道修通，再按照场平设计分割地块，布设标高点，按照定好的标高点进行土方调配，建设排水沟和管式渗沟等，用推土机按照标高设计对场地进行平整、压实。

场地平整施工流程：开工准备→场地清理→方格网布设→挖方→排水工程→填方→平整场地→标高复核。

（二）道路施工工艺

道路施工一般按照先路基路面、后沿线设施的程序进行。施工采用机械化作业，主要材料集中供应，混合料和稳定料集中搅拌。

1. 路基施工

路基施工采用机械化施工为主、人工为辅的原则。挖掘机挖装土方，汽车运输，压路机碾压，边坡修整的地方为人工施工。路基填土应由路中心向两侧填筑，并应做出与路拱相同的横向坡度；路基应水平分层填筑，逐层压实，经过压实符合规定要求后，再填上一层。

2. 路面施工

道路采用沥青混凝土路面，主要材料为商品混凝土。碾压时，从一侧路缘压向路中，压实 3～4 遍。在堤身填筑工程开工前，进行碾压试验，验证土料压实质量能否达到设计干密度或设计相对密度。根据试验结果确定施工压实参数，包括铺土厚度、含水量的适宜范围、碾压机械类型及重量、压实遍数、压实方法等。

3. 管线工程

对于填方路段，当路基填筑并压实到管线设计标高时，采用直接预埋的方式，直接铺设管道，然后再表面压实，之后继续路面施工。对于挖方路段，采用明沟开挖的方式，直接铺设管道，然后再表面压实，之后继续路面施工。

4. 排水及防护工程

道路施工排水设施主要有截水沟、排水沟、盲沟、急流槽及路面边缘排水设施等。排水设施与路基、路面工程紧密联系，在施工中受路基工程的影响。

路基防护主要依据工程地质、水文条件和填挖高度分别处理。全线挖方边坡视边坡高度和地质情况，分别采用植草皮、砌石等防护措施，填方路段采用石砌护肩、挡墙、护脚等防护措施，填方边坡采用草皮防护。防护工程的工期与排水工程的工期安排相结合，对半填半挖有挡土墙及防护路段，优先路基开工，对填方路段的挡土墙，先砌筑一定高度，再把路基填筑到一定的高度。对于路堑段，土石方开挖优先挖出边线，适时地安排挡土墙及边坡防护在路面开工前完成。

5. 绿化工程

路基施工前对地表覆盖土进行清理堆存，做好边坡绿化与路基施工的协调工作，建议采取清场→开挖路基→填筑路堤→修整边坡→防护边坡→培填种植土→移栽植物的分段流水作业顺序，及时移运清场的种植土，移栽生长状况较好的灌木和小林木等植物。

（三）堤防护岸工程

1. 土方开挖

主要为清基、堤身削坡、建筑物基础开挖。

2. 石方开挖

石方开挖全部回填，开挖石方暂存在临时堆场，土方填筑时回填予以消化。

3. 土方填筑

黏土：填料利用自身开挖料，自卸汽车运土至填土工作面，人工配合推土机摊铺平料，振动碾碾压密实，少量大型设备施工不方便处，采用蛙夯等小型设备夯实。

砂土：自卸汽车运土至填土工作面，人工配合推土机摊铺平料，振动碾碾压密实并洒水密实，相对密度不小于 0.65。

4. 生态护坡

等坡面开挖成型后，采用现场浇筑的形式完成施工。

5. 植物施工

植物有水下、水中和水上等各种种植种类。

（四）管道工程

对于填方管段，当管基填筑并压实到管线设计标高时，采用直接预埋的方式，直接铺设管道，然后再表面压实。对于挖方管段，采用明沟开挖的方式，直接铺设管道，然后再表面压实。

三、污染防治

（一）水污染防治

产生的废水集中收集后统一处理，达标后排放。

（二）大气污染防治

项目废气主要来自汽车尾气和公厕恶臭。生态停车场是汽车尾气排放较集中的地方，采用合理布置通道和车位、增加停车场周边绿化、加强管理等手段来减少塞车，尽量减少汽车低速进出车库所排出的氮氧化物、一氧化碳和碳氢化合物等污染物，这样可减轻停车场内的环境污染。对公厕进行日常清洁管理，保持干燥整洁，公厕使用中及时冲洗厕所，喷洒消毒药剂，放置除臭剂或点熏香以去除恶臭。

（三）固体废物污染防治

主要为生活垃圾，包括废书报、纸质包装物、塑料、金属和玻璃瓶等，绝大部分可回收利用，其中废书报和纸质包装物等有回收利用价值的固体废物经收集整理后可出售，因此，产生的固体废物对区域外环境影响较小。

习题

1. 什么是湿地？湿地由什么组成？
2. 本节中你是否遇到不清楚的概念或内容，请查阅资料后分析讨论其内涵。
3. 鸟类栖息地如何建设？
4. 我国大型湿地有哪些？各具有什么特征？

第三节 氯硅烷综合利用污染防治

一、生产工艺过程

（一）多晶硅生产工艺

多晶硅生产采用冷氢化配套大流量还原工艺的高效改良西门子法，该法用冷氢化技术将副产的四氯化硅转化为三氯氢硅。主要生产工序包括：①原料氯硅烷制备（包含甲醇裂解制氢气、氯化氢合成、三氯氢硅合成）；②氯硅烷精馏；③三氯氢硅还原；④还原尾气干法分离；⑤四氯化硅冷氢化、二氯二氢硅反歧化；⑥硅芯拉制，产品整理。多晶硅生产工艺流程如图3-3所示。

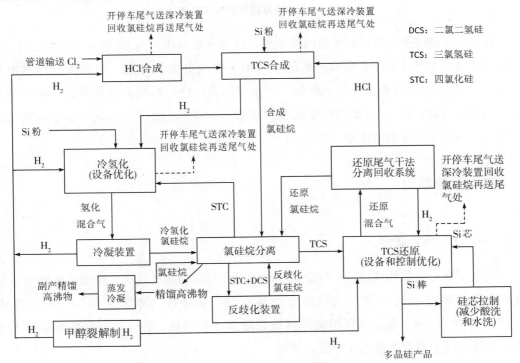

图3-3 多晶硅生产工艺流程

（二）高沸物生产工艺

多晶硅生产中高沸物来源于三个工段，分别为三氯氢硅合成车间的精馏高沸物、冷氢化车间的精馏高沸物和氯硅烷精馏塔排出的高沸物。精馏高沸物回收工艺流程如图3－4所示。

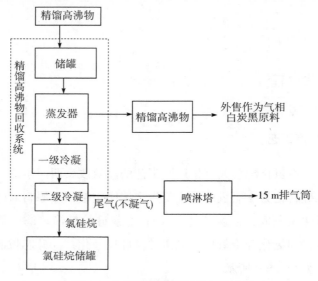

图3－4　精馏高沸物回收工艺流程

高沸物由储罐抽入精馏高沸物回收系统，在蒸发器内压力为20 kPa、温度为40℃～50℃的环境中加热1 h，蒸发器产生的废气中主要成分为氯硅烷，经两级冷却器冷却（－40℃）后成为氯硅烷液体进入储罐，送系统回用，冷却后残余的低沸点不凝气经水洗＋碱洗喷淋后，由15 m高排气筒排放。高沸物加热回收超过99％的三氯氢硅和二氯二氢硅，对四氯化硅的回收率约为50％。

二、污染防治

（一）大气污染防治

废气主要是渣浆处理过程中的氯化氢和少量未反应的氯硅烷气。精馏高沸物回收系统产生的低沸点不凝气主要为低沸点的氯硅烷，氯硅烷与水发生反应，被转化成 H_2SiO_3、HCl、SiO_2 等，再利用碱液喷淋去除氯化氢气体，由18 m高排气筒排入大气，外排废气主要为微量的氯化氢、氢气。

（二）水污染防治

生产废水主要为未回收利用的低沸点不凝气经尾气淋洗塔淋洗处理产生的酸性废水

和地坪冲洗水，主要污染物为 Cl^-、SS 等。处理技术为"两级 $Ca(OH)_2$ 中和＋絮凝沉淀＋气浮＋多介质过滤＋反渗透（部分）＋三效蒸发结晶析出氯化钙"，处理达标后外排入附近流域。

（三）固体废物污染防治

固体废物主要为精馏高沸物回收系统回收四氯化硅后的剩余高沸物，该部分危险废物依托危废暂存间和储罐临时贮存，定期送具有相应资质的单位处理。

习题

1. 分析多晶硅生产工艺过程及污染防治措施。
2. 分析高沸物生产工艺过程及污染防治措施。
3. 谈谈你对固体废物综合利用的见解。

第四章 农林牧业污染防治基础

第一节 蛋鸡养殖污染防治

商品蛋鸡现代化养殖场设有标准化蛋鸡舍及配套设施。以养殖场年存栏蛋鸡 100 万只为例，小鸡为外购商品雏鸡。根据不同龄期鸡只折算系数，2 只雏鸡或者育成鸡相当于 1 只蛋鸡，养殖场规模化饲养蛋鸡 100 万只，年产优质无公害鸡蛋量为 20000 吨，养鸡场每年淘汰蛋鸡 60 万只。

一、养殖过程

（一）蛋鸡饲养

养殖园外购出壳鸡苗，需育雏 0～7 d，该段时间内需要给小鸡供热；7～60 d 的时间段内育雏结束；60～120 d 后育成结束，转入蛋鸡鸡舍开始产蛋。小鸡苗从引进到产蛋约 22 个月。

（二）淘汰蛋鸡

蛋鸡开产 280 d 左右后，产蛋率将逐渐降低，饲养效率降低，蛋鸡即被淘汰。淘汰后的蛋鸡销往农贸市场。

（三）鸡蛋保存工艺

养鸡场鸡蛋保存在阴凉、通风且干净的场所，同时要预防老鼠、蛇和飞鸟的侵入以及对鸡蛋的破坏，鸡蛋存储不超过 3 d。

（四）通风降温

保持鸡舍通风良好，打开门窗加强空气对流。在鸡舍墙壁预留通风孔，每栋鸡舍安装 20 台风机，加速舍内气流的速度，带走鸡体表热量。当气温高于 29℃，湿度在 50% 以上时，从早晨 5 点到夜间 1 点都需要降温，夜间鸡体温和气温的差异相对较大，可以缩短送风时间。

（五）降温水帘

在鸡舍墙壁安装降温水帘，定时或不定时地为鸡舍直接降温。在舍内温度达到 30℃时，需要开启降温水帘。降温水帘能使厂房内的温度在 10 min 内迅速下降，降温环保效果佳。每栋鸡舍安装 3 组湿帘，降温水帘通常在 5~9 月使用。

（六）搞好环境卫生

在炎热的夏季，采用 1%~1.5% 的敌百虫药液喷洒鸡舍及周围环境，杀灭蚊蝇等害虫。

蛋鸡养殖场生产工艺流程如图 4-1 所示。

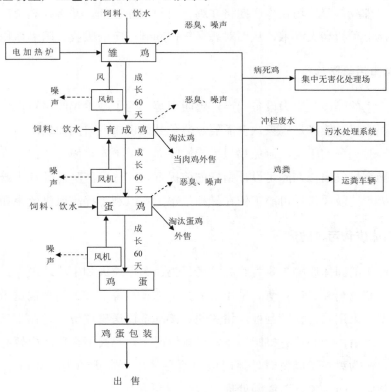

图 4-1　蛋鸡养殖场生产工艺流程

145

二、污染防治

（一）水污染防治

养殖场产生的废水主要为鸡舍冲洗废水，其主要污染物为 COD、BOD_5、NH_3-N、SS。鸡舍冲洗废水由鸡舍内的收集暗沟收集后进入设置于鸡舍后方的集污池（11 个，每个容积 20 m^3，每 2 栋鸡舍共用 1 个），再用泵抽入污水处理系统。

沼液贮存池中的废水泵抽用于厂区内约 1.27×10^5 m^2 绿化施肥，不外排，厂区不设置废水排放口。厌氧反应池产生的少量沼气经管道引出后直接燃烧。

（二）大气污染防治

养殖场产生的废气主要为鸡舍、污水处理系统和鸡粪暂存场产生的恶臭气体，这类恶臭气体主要为氨、硫化氢等。

由于养鸡场鸡舍内对温度、采光、通风等条件要求较严格，所以无法对鸡舍进行密闭、对恶臭气体进行集中收集处理，鸡舍内恶臭气体通过鸡舍通风窗外逸，其排放方式为无组织面源排放；养鸡场在生产期将在鸡舍内使用除臭剂，并将在鸡舍四周以及各鸡舍之间的空地上种植高大乔木，从而对恶臭气体起到一定的吸收、阻隔作用。

（三）噪声污染防治

养殖场产生的噪声主要为设备噪声、鸡叫声等。为了减少鸡叫声对操作工人及周围环境的影响，应尽可能满足鸡只饮食需要，避免其因饥饿或口渴而发出叫声；同时应减少外界噪声等对鸡舍的干扰，避免鸡只因受惊吓而产生不安，使鸡舍保持安定平和的气氛。选用低噪声排气扇。在满足设计指标的前提下，应尽可能降低叶片尖端线速度，降低比声功率级，使鼓风机尽可能工作在最高效率上，以利于提高风机效率和降低噪声。

（四）固体废物污染防治

养殖场产生的固体废物主要为鸡粪、病死鸡、医疗垃圾和生活垃圾等。

鸡粪：养殖场鸡粪日产日清，采用干清粪工艺，鸡舍下设置鸡粪输送带，每天用刮粪机清理粪便，采用软性橡胶刮板，将粪便直接刮至输送机皮带上，在集粪间落入等待的运粪车辆，之后用于制造有机肥。正常运营情况下，鸡粪不在厂区内暂存，设置一座鸡粪暂存场，作为鸡粪不能及时外运时应急暂存使用，容积约为 200 m^3，为入地式设计，并做好防雨、防溢流、防渗漏处理。

病死鸡：养殖场常年存栏蛋鸡 100 万只，年死亡率一般约为存栏量的 0.5%，病死鸡重量平均为 1.0 kg/只，病死鸡产生量约为 5 t/a。根据有关部门规定，必须由集中无害化处理场对病死鸡进行收集并集中无害化处理。

医疗垃圾：养殖场对蛋鸡进行防疫、治疗的过程中会产生少量废弃药品、废针管、过期兽药等，产生量约为 1 t/a，设密闭专用包装桶或容器收集，暂存于危废暂存间，定期交给具有危废处理资质的单位进行处理。

习题

1. 熟悉蛋鸡养殖过程，绘制蛋鸡养殖流程图，分析如何能够养好蛋鸡。
2. 论述蛋鸡养殖过程中固体废物和废水产排情况，提出科学的环保设施建设方案。
3. 调研蛋鸡标准化养殖技术规范等相关规范和标准，加深对养殖行业的了解，掌握基本养殖常识，应用养殖行业污染治理技术，提交研究报告。

第二节　养猪场污染防治

养猪场严格按照《无公害食品生猪饲养管理准则》（NY/T 5033）建设。养猪场主要建设养殖猪舍、员工办公生活区、供水供电设施、污水处理系统、堆肥生产车间和沼气处理系统等。

一、养猪概况

养猪场年出栏 120000 头商品猪苗，常年存栏数 13710 头成年猪，采用 7 日制（周）的生产节律进行猪群的管理和周转，分配种、妊娠、分娩、哺乳、保育五个阶段饲养，实行全进全出的生产工艺，种母猪正常情况下 6～8 胎更换，种公猪从采精开始 1～2 年更换，更换下来的种猪挂牌出售。各类猪群的常年存栏数见表 4－1。

表 4－1　各类猪群的常年存栏数

类别	数量（头）	存栏时间（天）	折合成年猪（头）
种公猪	60	—	60
母猪	6000	—	12000
生长肥育猪	120000	25	1650
常年存栏数（头）	13710		

二、生产工艺过程

（一）养殖流程

1. 种猪的选育

从外购进的种猪经检疫后，在养猪场内专门设置的隔离舍隔离观察 25～30 天，经兽医检查确定身体状况符合要求后，分配至各圈舍进行培育，经培育成熟后进行配种。种猪要求健康，营养状况良好，发育正常，四肢强健有力，体形外貌符合品种特征，耳号清晰。种猪应打上耳牌，以便标识。种母猪生殖器官要求发育正常，有效乳头应不少于 6 对，分布均匀对称。

2. 配种阶段

从母猪断奶开始，配种后经妊娠诊断转入妊娠舍之前，持续时间为 6 周。发情观察与配种 2 周，配种后 4 周即 28 天进行妊娠诊断，已妊娠母猪转入妊娠舍。根据母猪的发情状态，适时配种以保证较高的受胎率；对发情母猪及时补配。

3. 妊娠阶段

妊娠阶段是指从配种舍转入妊娠舍至分娩前 1 周的时间，饲养时间约为 11 周。分娩前 1 周转入分娩哺乳舍产仔。搞好妊娠母猪的饲养管理，使之保持良好的体况，既要有一定的营养保证胎儿发育，储备供将来泌乳之需，又不能过肥，造成繁殖困难。注意观察返情及早期流产的母猪，适时补配。

4. 分娩、哺乳阶段

从产前 1 周开始至断奶为止，时间为 4 周，产后 3 周断奶，母猪转入配种舍配种，断奶仔猪转入保育舍培育。

5. 保育阶段

从断奶仔猪转入保育舍开始至离开仔猪保育舍止，时间为 4 周。仔猪保育 4 周后下放养户。仔猪从分娩舍转移到保育舍，生活环境发生较大变化，应积极采取有效措施预防仔猪的应激反应，保持仔猪良好的生长态势。

6. 下放养户阶段

从仔猪转入保育舍开始至体重达 6～7 kg 出栏下放到养户结束，这段时间的主要任务是保持仔猪良好的生长态势，提高饲料利用率。

（二）种猪淘汰更新

种猪年淘汰更新的比例为 30%。

（三）饲养工艺

（1）饲喂方式：配种舍和分娩舍设有自动喂料系统，其余猪舍采取人工喂料。

（2）饮水方式：自动饮水器供水。

（3）清粪方式：猪舍地面采用"八"字形水泥地面设计，猪粪日产日清，选择干清粪工艺，干清粪比例达到70％，以减少末端污水处理量和降低污水中各污染因子的浓度。设置专门的粪污处理区，尿液和舍内地面清洗粪水通过沟渠排入配套污水处理系统。

（4）光照：自然光照与人工光照相结合，以自然光照为主。

（5）采暖与通风：自然通风，辅助机械通风，分娩舍及保育猪舍用畜舍专用电供暖，水帘降温。

（四）养猪场防疫

防疫主要采取注射疫苗的方式。常用疫苗包括猪瘟疫苗、猪口蹄疫疫苗、猪高致病性蓝耳病疫苗、猪细小病毒疫苗等，均在小猪断奶后一周使用一头份，成年猪每年春秋两季各接种一头份。同时，兽医室常备兽药主要为吉霉素、链霉素等抗生素类药品，要求使用高效、低毒、无公害、无残留的兽药。

（五）消毒及驱蝇灭蚊

消毒间均设置紫外线灯照射消毒，主入口车行道设置消毒池，3％～5％的火碱溶液消毒，池长2 m，宽5 m。每周更换两次消毒液；猪舍每周栏内带猪消毒1次，使用0.3％～0.5％过氧乙酸喷雾，300 mL/m²；整栏换舍后猪舍彻底清扫并冲洗，使用灭菌灵喷洒消毒，500 mL/m²，间隔1天后重复进行一次；春秋两季各进行一次大消毒，用3％～4％的火碱溶液喷洒地面；运输猪和饲料的车辆，装运前后必须用灭菌灵喷雾消毒。

夏秋时节养殖场蚊蝇滋生，可采取化学、物理结合的方法驱蝇灭蚊。对于粪便贮存池、污水沟等死水，每周使用高效农药化学杀虫剂消杀2次。同时，在圈舍内安装灭蚊灯，门窗均安装纱窗。

三、污染防治

（一）大气污染防治

1. 优化饲料

猪只饲料优化配比，在基础日粮中适量添加合成氨基酸，相应降低饲料中粗蛋白质的含量，可减少粪便中氮的含量。根据相关研究，每降低 1％日粮粗蛋白水平，粪尿氨气释放量可下降 10％～12.5％。

2. 猪粪日产日清

圈舍内猪粪日产日清，干粪收集率达到 70％。及时清理猪粪送至粪便贮存池，并及时外运堆肥。

3. 喷除臭剂

喷洒使用生物型除臭剂，每周对带猪圈舍、污水处理系统及猪粪发酵处理区除臭一次，利用生物菌剂可以消耗氨气、硫化氢等臭气分子的特性，降低空气中臭气的浓度。

4. 加强绿化

在各圈舍间、场内道路两旁及场区空地布置绿化，点、线、面结合。在场区围墙外种植乔木和灌木混合林带，高大乔木种植 1～2 排，选择芳香型木本植物，如香柚、榆树等。

（二）水污染防治

养殖废水经污水处理站处理后全部用于周边蔬菜和经果林地，不排放。对于用于果林菜地的沼液，最低要求是达到《农田灌溉水质标准》（GB 5084—2005）中的旱作标准。污水处理工艺流程如图 4—2 所示。

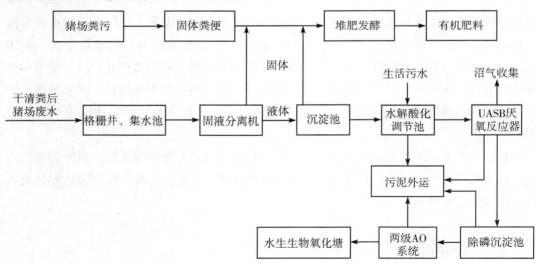

图 4—2　污水处理工艺流程

1. 预处理部分

预处理部分由集水池、固液分离机、沉淀池三部分组成，各部分设计参数如下：

（1）集水池主要配合固液分离机使用，有效容积为污水处理量的 15％（540 m³），配备粗格栅、立轴搅拌机、潜污泵、液位控制仪，池体构造选用圆形，避免死角。

（2）固液分离机宜选用两段式固液分离机，即筛网—螺杆挤压式固液分离机。固液分离机选型为平均处理量的两倍，可多台并联使用。经过固液分离后，猪粪含水率在60%以下，直接进入槽式发酵区进行堆肥处理。

（3）沉淀池采用平流式沉淀池，表面负荷为 0.8 m/(m² · h)，水平流速小于 7 mm/s，配备行车式刮泥机及污泥回流系统和污泥泵。

2. 生化处理部分

（1）水解酸化调节池。起调节水量水质、水解酸化作用，进一步提高后续厌氧池体的处理效率，水力停留时间为 12 h，配备液位控制系统、潜污泵、曝气搅拌系统和推流搅拌系统。

（2）UASB 厌氧反应器。根据场地条件及设施建设的经济性，优先采用圆形池，容积负荷取 2.0 kgCOD/(m³ · d)，$HRT=48$ h，高度以 7～9 m 为宜，上升流速小于 0.5 m/h，布水系统优先考虑脉冲形式，三相分离器可采用 PP、玻璃钢、不锈钢材质，禁止使用碳钢材质，必须配备出水循环泵。推荐采用搪瓷拼装结构的 UASB 成套设备。

（3）两级 AO 系统。

一级缺氧池：氨氮负荷取 0.03 kgNH₃—N/(kgMLSS · d)，污泥浓度取 3000 mg/L，回流比为 200%，$HRT=18$ h，配备潜水搅拌系统，搅拌功率为 4 W/m³。一级缺氧池与调节池之间加设一超越管，用于补充反硝化碳源。

一级好氧池：BOD 负荷取 0.15 kgBOD₅/(kgMLSS · d)，$HRT=24$ h，采用活性污泥法，配备曝气系统、碱度投加系统、混合液回流泵两台（一备一用）。沉淀池采用竖流沉淀池，表面负荷为 0.8 m³/(m² · h)，配备行车式刮泥机及污泥回流系统，污泥回流比为 70%。

二级缺氧池：氨氮负荷取 0.03 kgNH₃—N/(kgMLSS · d)，污泥浓度取 3000 mg/L，$HRT=18$ h，配备潜水搅拌系统，搅拌功率为 4 W/m³。

二级好氧池：BOD 负荷取 0.8 kgBOD₅/(m³ · d)，$HRT=10$ h，采用接触氧化法，配备曝气系统、碱度投加系统、混合液回流系统（低温季节使用）。其中混合液回流系统回流至二级缺氧池，回流比为 100%。

除磷沉淀池：包括加药反应池和斜板沉淀池，加药反应池 $HRT=0.5$ h，斜板沉淀池 $HRT=2$ h，配备加药系统、污泥泵。

曝气系统：采用微孔曝气器，氧转移率为 17%，每立方米污水需空气量 $V=$BOD₅ 需氧量＋硝化需氧量＋污泥内源呼吸需氧量＝59 m³，总风量＝$Q×V$。配备 DO 测定仪，并通过 PLC 变频控制系统对风机风量进行自动调整。

3. 生态净化系统

通过建造 S 形回流沟，控制一定水深，种上水竹等水生植物，通过水生植物、青苔以及水生植物上的微生物对水中污染物进行降解。

4. 控制系统

配备 PLC 变频控制系统，具备手动/自动切换功能，且必须包含以下部分：pH 自动控制，DO 变频联动自动控制，泵与液位连锁控制，泵、搅拌机、加药阀、排泥阀与相关提升泵的连锁控制，排泥阀的定期排泥，加药阀的延时停止控制。废水出口安装在线监测仪，监测 COD、NH_3-N 等指标。

（三）噪声污染防治

为了减少牲畜鸣叫声对操作工人及周围环境的影响，尽可能满足猪只饮食需要，避免因饥饿或口渴而发出叫声；播放轻音乐，同时应减少外界噪声和突发性噪声等对猪舍的干扰，避免猪只因惊吓而产生不安，使猪舍保持安定平和的气氛。猪只出栏期间会产生突发性叫声，对区域声环境产生一定的影响，但具有偶然性和间断性，影响短暂，应安排在白天，且避开午休时间，尽量采取赶猪上车。

（四）固体废物污染防治

养猪场猪粪经干清粪收集后，同沼渣一并送槽式堆肥区处理，最终得到有机肥。

《畜禽养殖业污染治理工程技术规范》（HJ 497—2009）中固体粪便处理的一般规定措施：畜禽固体粪便宜采用好氧堆肥技术进行无害化处理；不具备堆肥条件的养殖场，可根据畜禽养殖场地理位置、养殖种类、养殖规模及经济条件，采用其他措施对固体粪便进行资源回收利用，但不得对环境造成二次污染。养猪场采用干清粪工艺，进入厌氧发酵反应罐发酵后（沼气回收），收集到猪粪发酵处理区内的粪便贮存池进行好氧堆肥，最终可得到半成品有机肥，符合《畜禽养殖业污染治理工程技术规范》中固体粪便处理措施的要求。

对于沼气池污泥、沉淀分离物和二沉池污泥，经浓缩工序、高效压滤机压制成干饼，送往槽式好氧发酵堆肥区进行好氧堆肥处理。

对于不明原因病死猪只及其排泄物以及被污染的垫料、饲料和其他物品，其中可能带有病原微生物，易传播疾病，给人畜带来危害，必须进行无害化处理。

对于妊娠胎盘，虽然母猪妊娠胎盘是某些生物制剂的主要原材料，但若邻近地区没有生物制品场所，考虑到运输及经济等各方面的原因，应全部采用无害化降解处理机安全处置。

饲料包装材料有纸箱和编织袋，经收集后送饲料厂重复使用，对环境不会造成影响。

沼气脱硫塔中产生的废脱硫剂是氧化铁脱硫剂，属于一般废物，定期由厂家回收利用。

习题

1. 了解各类猪群的常年存栏数情况，分析数据的关联性。
2. 分析饲养工艺过程中重点关注的环节和技术参数。
3. 分析猪场废水处理技术，论述工艺原理、运行参数、操作规程和管理措施等。

第三节　养羊场污染防治

养殖场标准化羊圈 15000 m^2，办公用房 500 m^2，库房等其他配套用房 1500 m^2，沼气池 500 m^3，青贮池 5000 m^3，完善道路硬化、绿化、污水处理等相关配套设施建设，形成年出栏 40000 只优质肉羊的养殖能力。引入种母羊 10000 只，种公羊 400 只，繁殖方式为一年 2 胎，每只母羊一胎可产羔羊 3～4 只。养殖方式以圈养为主，仔羊从出生到出栏的饲养周期约为 5 个月，一年出栏 1.2 批次，出栏肉羊重量为 45～50 kg。羊只粪便通过堆肥发酵后制成有机肥料。

一、生产工艺过程

（一）饲料生产

羊喜食多种饲草，若经常饲喂单一品种的饲草，会造成羊的厌食，从而采食量减少，增重减慢，影响生长。肉羊养殖的饲料主要分为粗饲料和精饲料，以饲喂饲草为主。粗饲料主要包括各种青、干牧草，农作物秸秆等。牧草品种可选黑麦草、青贮玉米、紫花苜蓿等。这类牧草中维生素含量丰富，适口性好，其养分的消化利用率很高。多汁饲料如块根、块茎、多种瓜类及蔬菜等也可作为羊只的粗饲料。这类饲料富含淀粉、糖类、维生素、粗纤维，适口性好，消化率高，是羊只冬春补充维生素不可缺少的饲料。

精饲料主要由豆粕、玉米、糠麸组成，适量添加多种维生素和矿物质，其中矿物质以铁、锌、硒、铜为主。精饲料用量一般不超过日采食量的 40%，避免因采食过多精饲料而引起瘤胃酸中毒，但育肥羊可提高到日采食量的 60%。可以外购豆粕、玉米、糠麸等，在场站内粉碎后投喂。

（二）饲养工艺

采用现代化、标准化养殖工艺技术，饲养优质品种大耳羊为父母代种羊，其中种母羊 10000 只，种公羊 400 只，通过自繁自养得到子代大耳羊，子代大耳羊通过育肥形成优质肉羊出售，少量留作后备种羊。大耳羊是以努比亚山羊、简阳本地羊为育种素材，通过复杂杂交和定向系统选育形成的肉用山羊品种，具有体格高大、生长速度快、繁殖率高、肉质好、抗病力和适应性强等特点。1 只母羊每年可繁殖 2 胎，每胎产羔羊 3～4只，按每年繁殖 2 胎，平均每只母羊每胎产羔羊 3.5 只，养殖种母羊 10000 只，种公羊400 只，母羊的妊娠周期为 5 个月，从出生到育肥出栏的周期为 5 个月，可达到出栏40000 只肉羊的养殖能力，每年出栏 1.2 批次。养殖工艺流程如图 4—3 所示。

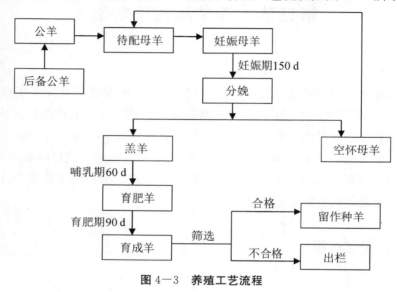

图 4—3　养殖工艺流程

养殖生产过程中的产污环节如图 4—4 所示。

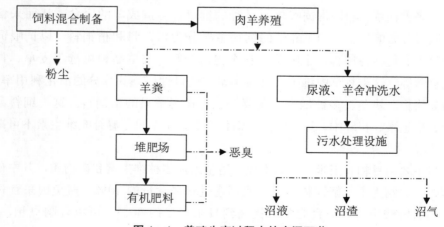

图 4—4　养殖生产过程中的产污环节

（三）粪便处理

养殖场饲养过程中采用干清粪工艺，将羊粪单独清出，不与尿、污水混合。收集到的羊粪及时运至堆肥池进行堆肥发酵，发酵后添加氮、磷、钾、微量元素制成肥料自用或外售。

高温发酵的合适水分要求为 $50\%\sim60\%$，C/N 比值为 $25\sim30$，并且原料通气性好，以利于氧气的供应。但是，通常情况下羊粪含水率较高，一般为 70%，C/N 比值为 $9\sim16$，因此，为了提高原料的发酵速度和防止厌氧而产生臭气，在发酵前必须对原料水分、C/N 比值和通气性等进行调节。

水分调节材料可选用干燥的农作物秸秆和农副产品加工所产生的废弃物等。为了提高这些材料的吸水性，一般使用前需要对这些原料进行适当粉碎，但考虑到粉碎的成本，一般将农作物秸秆切碎至 $4\sim5$ cm 即可。由于农作物 C/N 比值较高（$40\sim60$），利用秸秆将畜粪的水分调节至 $50\%\sim60\%$ 时，发酵原料的 C/N 比值为 $20\sim30$，并且其容重较低、通气性也好，有利于创造最佳的好气微生物活动条件。

一般来说，为了防止鲜粪中的微生物、寄生虫等对土壤造成污染以及提高肥效，粪便应经发酵或高温腐熟处理后再使用。虽然高温堆肥发酵的周期相对较长，脱水效率略低，但投资成本大大降低，并适合于畜禽养殖场应用，因此是目前生产上首推的一种处理方式。该法主要用菌种接种，菌种具有加快堆肥腐熟过程、增加植物所需营养元素含量等特点。堆温维持在 $55℃$ 以上，最高时可达 $70℃$ 以上。经 20 d 左右的高温发酵，粪料腐熟程度好。

将羊粪集中到贮存场所临时贮存后移入堆肥池内，在添加秸秆和特殊微生物菌种剂后，经搅拌（或翻动），通过高温发酵制成肥料。

羊粪堆肥发酵工艺流程如图 4—5 所示。

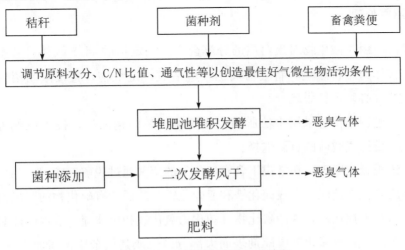

图 4—5　羊粪堆肥发酵工艺流程

（四）污水处理

采用《畜禽养殖业污染治理工程技术规范》（HJ 497—2009）中污水治理模式Ⅲ（二级生化）的处理工艺对养殖污水进行治理，处理后的废水浓度能够达到《农田灌溉水质标准》（GB 5084—2005）中对水生作物和旱生作物的水质灌溉标准。污水处理工艺流程如图4-6所示。

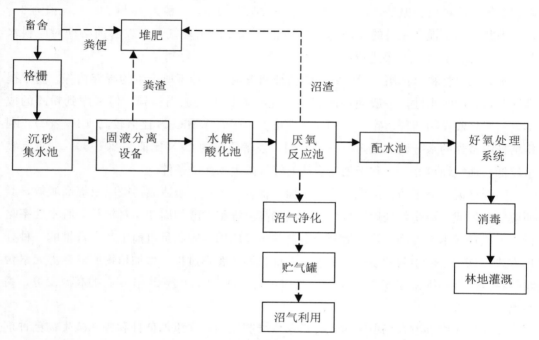

图4-6　污水处理工艺流程

（五）沼气处理

厌氧发酵时由于微生物对蛋白质的分解会产生一定量的H_2S气体，若不先进行处理，而是直接作为燃料燃烧，将会对周围环境造成一定危害，直接限制沼气的利用范围。因此，沼气必须进行脱硫。

在对沼气进行净化时采用干法脱硫。该脱硫工艺结构简单、技术成熟可靠、造价低，是养殖项目沼气脱硫的首要选择。

沼气干法脱硫的原理：在常温下含有硫化氢的沼气通过脱硫剂床层，沼气中的硫化氢与活性物质氧化铁接触，生成硫化铁和亚硫化铁，然后含有硫化物的脱硫剂与空气中的氧接触，当有水存在时，铁的硫化物又转化为氧化铁和单体硫。这种脱硫和再生过程可循环进行多次，直至氧化铁脱硫剂表面大部分被硫或其他杂质覆盖而失去活性为止。沼气净化工艺流程如图4-7所示。沼气输配工艺流程如图4-8所示。

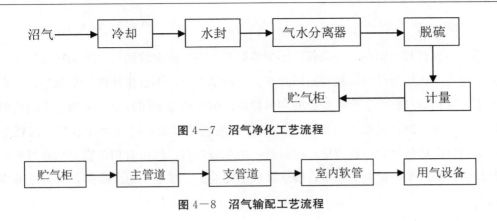

图 4-7 沼气净化工艺流程

图 4-8 沼气输配工艺流程

（六）病死羊及胎盘的处置

病羊进入隔离舍进行治疗，一旦发现疫情，第一时间向兽医卫生监督机构上报，并封闭全场。根据《畜禽养殖业污染防治技术规范》（HJ/T 81—2001）的相关规定，企业对病死羊尸体和胎盘应及时处理，不随意丢弃，不出售或作为饲料再利用。病死羊必须按照当地疾病预防控制中心的要求进行隔离，在厂区内设置专用灭菌填埋井。填埋井的建设应符合《畜禽养殖业污染防治技术规范》的相关规定，必须防雨、防渗漏，并严密封闭。对于烈性传染病死羊，根据畜禽卫生防疫条例和国家防疫部门制定的处理方法，运至指定地点进行规范化的焚烧处理，避免疾病的传播，焚烧处理后的废物做深埋处理。

二、污染防治

（一）大气污染防治

1. 沼气

产生的综合废水进入沼气工程进行厌氧发酵，厌氧发酵过程中产生沼气。《污水处理设施（厌氧消化器）采用技术分析和评价》认为，每削减 1 kg COD 可产生 0.35 m^3 沼气。

2. 恶臭气体

养殖场羊圈、粪便贮存场所产生的大气污染物主要是羊粪产生的臭气。羊粪臭气是厌氧细菌发酵的产物，臭气中主要含有氨气、硫化氢和甲硫醇等。任何物体表面若覆盖着粪便，都会形成臭源。

3. 饲料粉尘

采用精饲料和粗饲料混合喂养,不饲喂饲料厂生产的颗粒饲料。精饲料以玉米、麦麸、豆粕为主,均为外购;粗饲料以青草、干青草为主,由合作社青草基地提供。在粉碎玉米、豆粕等过程中会产生少量的饲料粉尘,饲料加工车间密闭,应加强车间内的洒水降尘,有效抑制饲料粉尘的影响;工作人员在进料口加料时应动作轻缓,降低加料点;出料口应增加易收口软布筒,接料时采用布袋收料,软布筒和布袋要结合紧密;饲喂过程中也会产生一定量的粉尘,要求采取密闭装运、尽量干粉湿喂等,以有效减少粉尘污染。

(二)水污染防治

采用《畜禽养殖业污染治理工程技术规范》(HJ 497—2009)中污水治理模式Ⅲ(二级生化)的处理工艺对养殖污水进行治理,处理后的废水浓度能够达到《农田灌溉水质标准》(GB 5084—2005)中对水生作物和旱生作物的水质灌溉标准。

废水采用"雨污分流",分设排污沟和雨水沟,沿羊舍两侧室外布置,将尿水和洗圈污水排至排污主沟。一旦污水处理站出现故障或其他原因引起的不能正常运行,废水污染物就不能得到有效处理,排水会出现水质超标情况。在污水站出现技术故障后,应立即阻断废水排口,将废水导入事故调节池(事故调节池容积为 150 m^3,可容纳 3 d 的废水量),对污水处理设施进行检修(3 d 内可排除故障),确保设施正常运行和废水灌溉水质达标。

(三)固体废物污染防治

1. 羊粪

养殖场实行干清粪工艺,处理粪便能够达到《粪便无害化卫生标准》中的有关要求。羊粪堆肥过程中添加秸秆以调节水分含量、喷洒菌种,堆肥 20 d 后成为无臭无害生物羊粪肥,再送至有机肥料生产车间,添加氮、磷、钾、微量元素制成肥料,用于青草种植基地的施肥或外售(无肥料造粒工序),禁止将未经处理的粪便直接施入农田。

2. 废包装袋、废瓶

对外购精饲料进行加工会产生废包装袋,在进行畜禽疾病预防时,有预防用的各种疫(菌)苗空瓶和抗生素药物的瓶、袋等固体废弃物产生。废弃饲料包装进行回收利用,疫苗包装瓶、袋交由环卫部门统一处置。

3. 隔栅滤渣、污水站沼渣

污水处理站隔栅拦截的较大颗粒的悬浮物多为草料和粪便残渣,经拦截后人工清掉，可直接运送至粪便堆肥场进行堆肥处理。有机物质在厌氧发酵过程中，除了碳、氢、氧等元素逐步分解转化，大量生成甲烷、二氧化碳等气体外，其余各种养分元素基本上都保留在发酵后的剩余物中，其中一部分水溶性物质保留在沼液中，另一部分不溶解或难分解的有机、无机固形物则保留在沼渣中，在沼渣的表面还吸附了大量的可溶性有效养分。因此，沼渣含有较全面的养分元素和丰富的有机物质，具有良好的肥效。沼渣送有机肥车间堆肥发酵，与羊粪一并经稳定化、无害化处理后作肥料。

4. 病死羊

在做好疾病检疫及日常疾病预防的情况下，一般不会有大量病死畜禽的情况发生。羊在饲养过程中，个别会因病死亡，对周围环境有一定的安全隐患，威胁畜群安全，甚至人体健康。哺乳期和育肥期大耳羊的死亡率一般为 0.1%～0.3%。

习题

1. 养羊场具有什么特征？
2. 养羊场的主要环境问题是什么？
3. 如何做好养羊场的环境保护工作？
4. 养羊场环境管理的重点和环境保护效果的评价核心分别是什么？

第四节　屠宰场污染防治

生猪进行屠宰需要按照《畜禽屠宰卫生检疫规范》（NY 467—2001）和《生猪屠宰操作规程》（GB/T 17236—1998）的规定执行，屠宰加工过程中的卫生要求按照《肉类加工厂卫生规定》（GB 12694—1990）执行。产品执行《鲜、冻片猪肉》（GB 9959.1—2001）标准。

一、生产工艺过程

（一）生猪屠宰工艺

（1）检疫：检疫的目的是通过检疫、检测，以控制各种疫病的传入和扩散，减少污染，维护产品质量。检疫包括进厂检疫、候宰检查、宰前检疫三个环节。

①进厂检疫：进厂检疫是指在未卸车之前，由畜牧局检疫员向押运员索取检疫证或防疫注射证，以便从侧面了解产地疫情；持证核对品种和头数，发现不符，及时查明原因，直到认为没有可疑疫情时允许卸下，过磅验级时，注意观察牲畜健康状态，对可疑者应做进一步诊断，必要时组织会诊。当确诊疫病时，及时封锁，上报疫情。同时立即采取措施，由畜牧局进行专业处理，确保人畜的安全。

②候宰检查：候宰检查是指卫检员深入待宰圈内观察育生猪休息、饮食和行动状态，发现异常，随时剔出进行临床检查，必要时采取急宰后剖检诊断。

③宰前检疫：宰前检疫是在临宰前对生猪进行一次普查，确保其健康。这是减少屠宰过程中病猪污染健康猪，保证产品质量的有效措施。

（2）宰前处理：生猪被运到屠宰场，在进厂之前先由畜牧部门进行检疫，合格的存放在待宰圈内。必须保证生猪有充分的休息时间，使生猪保持安静的状态，防止其代谢机能旺盛。

（3）冲淋：宰前检疫后合格的生猪由人沿着指定的通道牵到冲淋区，用水进行冲淋，清洗全身，以减少屠宰过程中生猪身上的附着物对生猪胴体的污染。

（4）电麻：将生猪赶入电击区，在 100 V 左右的电压下对猪进行 5～10 s 的电麻，将其击晕。接着由一人用吊勾套牢生猪的一条后腿，并挂在吊钩上，人工将生猪吊起，使生猪完全吊在高轨上。

（5）放血：从生猪喉部下刀割断食管、气管和血管进行放血，放血时间约为 9 min。猪血在放血线下槽内由收购猪血的单位收集清运外售。

（6）屠体冲淋：放血完成后的生猪由提升机引至烫毛池，再次进行冲淋。

（7）烫毛：用从蒸汽锅炉引来的热蒸汽（管道）烫毛，将猪毛烫软。

（8）打毛：烫软的毛通过打毛机脱离猪身体，打下的毛由收购猪毛的单位自行收集外运。

（9）清洗：打完毛的猪由提升机送入清水池中进行清洗。

（10）剃毛：对清洗完成后的猪进行检查，毛没有去除干净的由人工进行剃毛。

（11）开膛：猪毛清除完成后，将猪开膛，取出红白内脏外售。

（12）胴体开边：将猪胴体由人工对半劈开。

（13）宰后检验：对猪的胴体、内脏等实施同步卫生检验。根据《中华人民共和国动物防疫法》和《中华人民共和国进出口动植物检疫法》中的有关规定，卫生检验后胴体的处理如下：

①检验合格产品：检验合格产品作为食品的，其卫生检验、监督均依照《中华人民共和国食品卫生法》的规定办理。

②检验不合格产品：检出一般性病害并超过规定标准的，可由专业技术人员按规程实施卫生无害化处理（即采用焚烧炉焚烧）。

（14）肉品出场：符合鲜销和有条件食用的合格猪胴体盖章后出售。

屠宰工艺流程如图4-9所示。

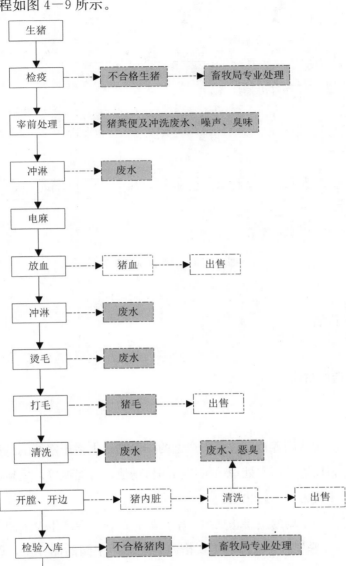

图4-9　屠宰工艺流程

（二）副产品加工工艺

副产品是指内脏、猪血。猪鬃经过整理后即进入销售环节，猪血收集后外售。内脏加工是指对内脏进行清洗后，预冷至一定的温度，经包装、结冻，再到销售环节。副产品加工工艺如图4-10所示。

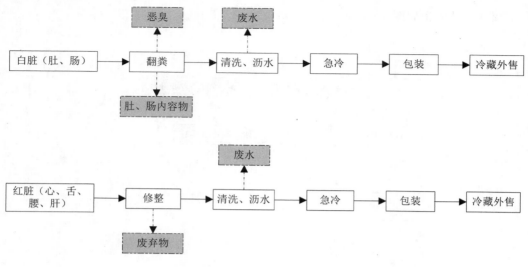

图 4—10 副产品加工工艺

二、污染防治

（一）大气污染防治

1. 恶臭气味

臭气源主要是生猪圈养待宰过程中产生的排泄物，生猪屠宰解剖过程中猪内脏、肠内容物、猪粪、猪尿等，污水处理站构筑物如格栅池、污泥池等。生猪屠宰及肉制品深加工的恶臭物质主要为氨、硫化氢。

待宰圈恶臭为屠宰场的主要恶臭源，猪在静养过程中会产生少量的粪便，这些粪便产生 NH_3、H_2S 等恶臭有害气体。主要措施是控制待宰圈的储存量，即每日运往待宰车间的生猪全部宰杀（需要隔离观察的生猪除外），均不在待宰圈内长时间静养。卸载生猪时，应对表面污物较多的生猪进行冲洗。静养圈猪粪进行干清粪工艺，粪便日产日清，收集后运至粪便暂存处，用于周边农田施肥。每日屠宰完毕后对待宰圈地坪进行冲洗。针对待宰圈划定 100 m 的卫生防护距离，将待宰圈尽量布置在北侧靠近林地一侧，并在四周设置绿化带以及高大乔木。

屠宰车间产生恶臭的区域主要集中在宰杀放血、烫毛、开膛劈半以及内脏清洗处理阶段。主要措施是每日屠宰完毕后及时采用高压水枪冲洗，减少肠胃内容物、血水等在车间的停留时间，从而减小恶臭源强。屠宰加工车间配备自动真空采血系统，刺杀与采血一次完成，血液通过血液输送系统和输送管道送至血液储存罐，尽量减少血液产生的异味在空气中的扩散。及时清理待宰场和屠宰车间内的猪粪便、肠胃内容物、碎肉和碎骨等废弃物,运输过程中采用桶装密闭措施,减少废气排放量。

设置 1 台 1000 m^3/h 的风机对屠宰车间进行负压抽风,负压抽风抽出的废气由一套活性炭吸附装置进行处理,处理后经 15 m 高排气筒排放。

污水处理站运行过程中会产生恶臭,其主要恶臭物质有氨气和硫化氢。主要措施是采用地埋式污水处理站,对污水处理站产生的污泥及时清运,减少污泥在厂区内的堆存量和堆存时间;污水处理站格栅沉淀池等采用加密封盖及其他消臭隔离措施,减小臭气对厂区周围环境的影响。

2. 焚烧炉废气

检疫过程中发现的病死猪和屠宰分割工序中产生的废弃残体等及时送场区焚烧炉进行无害化处理。焚烧炉以柴油作为燃料,燃烧产生的气体污染物主要为烟尘、NO_x、SO_2。

采用 FSLN－30 型无烟焚烧炉,该焚烧炉采用水膜除尘工艺,除尘效率可达 90%,并对 SO_2 有一定的去除效果,炉渣和收集的粉尘定期统一清运。尾气经除尘器处理后,经 15 m 高烟囱排放。

3. 沼气

污水处理站在厌氧发酵过程中会产生沼气。厌氧消化沼气池刚产出的沼气是含饱和水蒸气的混合气体,除了含有气体燃料 CH_4 和惰性气体 CO_2,还含有一定比例的 H_2S、H_2O,少量的 NH_3、H_2、N_2、O_2、CO 和卤代烃。经脱水、脱硫净化后的沼气经管道输送至沼气罐,屠宰场设置 1 个 30 m^3 的储气罐用于储存燃料。沼气属于清洁能源,产生的污染物主要为 SO_2、NO_x、CO_2,可实现达标排放。

(二)废水污染防治

产生的废水主要为屠宰场的生产废水和生活污水。

屠宰场产生的屠宰废水、待宰圈冲洗水、地坪及设备冲洗水,污水产生量为 19.89 m^3。该类废水污染物浓度较高,其中的主要污染物为 COD、SS、NH_3-N、BOD_5 和动植物油等。

屠宰废水属于高悬浮物、高有机物废水,废水中含有部分的血污、油脂、内脏杂物、未消化的食物及粪便等污染物,并带有令人不适的血红色及血腥味,还含有大肠菌、粪便链球菌等危害人体健康的致病菌。对屠宰废水的处理主要是去除废水中的悬浮物和各种形态的有机污染物。

产生的废水采用"格栅—隔油池—调节池—气浮池—ABR 厌氧池—MBR 一体化设备—消毒池"为主体工艺的污水处理设备，处理达标后排放。屠宰场污水处理工艺流程如图 4—11 所示。

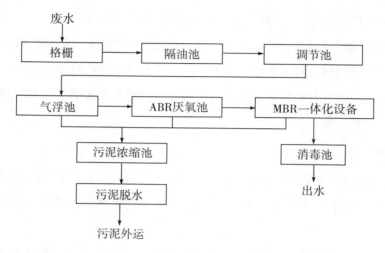

图 4—11 屠宰场污水处理工艺流程

首先经过格栅除去较大的污染物颗粒及其他杂物，以避免后续的水泵被堵塞、缠绕，然后经过隔油池隔离油脂等，之后进入调节池，通过调节池不仅起到控制水量变化的作用，还能防止后续生化处理系统中有机负荷的急剧变化。

在调节池后宜采用气浮工艺去除废水中粒径较小的分散油、乳化油、绒毛、细小悬浮颗粒等杂物。之后废水进入 ABR 厌氧池，微生物将污水中的硝酸盐氮和亚硝酸盐氮还原成气态氮逸出，同时将难降解大分子有机物分解为小分子易降解物质，具有脱氮、水解和降解部分有机物的作用，最后进入 MBR 一体化设备，大部分有机物被微生物处理，经消毒后出水水质能够达到《农田灌溉水质标准》（GB 5084—2005）中的旱作标准，可用于周边农田灌溉。

（三）噪声污染防治

主要噪声为猪叫声、屠宰设备噪声、辅助设备（锅炉）等产生的噪声。

由于宰杀采用电麻技术，因此在宰杀过程中不会产生猪叫声，猪叫声主要产生于生猪卸载及静养期间。采用电麻机将生猪击晕后刺杀，可大大降低生猪宰杀过程中的噪声。待宰圈采取封闭措施，墙体采用吸音、隔声建筑材料，同时，尽量减少对待宰圈的干扰，文明赶猪，保持安定平和的气氛，以缓解生猪的紧张情绪，减少卸猪和待宰过程中的嘶叫。在待宰圈内播放音乐（音量较小），使生猪保持安静。

　　屠宰过程中劈半带锯机、桥式劈半锯、刨毛机等设备会产生噪声。设备噪声源强及治理措施见表4-2。

表4-2　设备噪声源强及治理措施

主要噪声设备	声级 [dB（A）]	治理措施	治理后声级 [dB（A）]
洗猪机	80	选用低噪设备，定期保养，加设减震垫	70
劈半带锯机	85	选用低噪设备，定期保养	75
刨毛机	80	选用低噪设备，定期保养，加设减震垫	70
水泵	80	地埋式安装，选用低噪设备	70
风机	80	选用低噪设备，加设减震垫，风口加装消声器	70

（四）固体废物污染防治

　　固体废物主要包括粪便及肠胃内容物、检疫不合格猪及病死猪、不可食用内脏、废弃碎肉渣、猪血、猪皮、蹄壳、猪鬃、污泥、生活垃圾、废脱硫剂（主要成分为 FeS 和 Fe_2S_3），其中危险废物包括检疫不合格猪及病死猪、废脱硫剂，一般固废包括粪便及肠胃内容物、不可食用内脏、废弃碎肉渣、猪血、猪皮、蹄壳、猪鬃、污泥、生活垃圾。

　　1. 粪便及肠胃内容物

　　粪便及肠胃内容物的主要成分为纤维素等有机物，含有大量植物所需的营养成分，适宜作为植物种植底肥。待宰圈粪便采用干清粪工艺，粪便经人工收集后装入桶内，与肠胃内容物一同处置。粪便及肠胃内容物暂存于粪便暂存间（内设干化堆场），用于周边农田施肥。同时，为了防止粪便及肠胃内容物在项目区内发酵产生恶臭及滋生蚊蝇，粪便及肠胃内容物应做到日产日清。

　　2. 检疫不合格猪及病死猪

　　屠宰过程中发现的病害牲畜属于危险固体废物，病害牲畜及不合格产品收集后应交专业无害化处理运营单位集中处理。

　　3. 焚烧炉炉渣及粉尘

　　焚烧炉产生的炉渣和除尘器收集的粉尘经收集后，交由当地环卫部门定期统一清运处置。产生的主要固体废物及处置措施见表4-3。

表 4-3 产生的主要固体废物及处置措施

序号	种类	性质	处置措施
1	粪便及肠胃内容物	一般固废	集中存放后，用于周边农田施肥
2	检疫不合格猪及病死猪	危险废物	采用焚烧炉进行焚烧
3	焚烧炉炉渣及粉尘	一般固废	经收集后交由环卫部门定期统一清运处置
4	猪血	一般固废	外售
5	蹄壳	一般固废	外售
6	猪鬃	一般固废	外售
7	污泥	一般固废	集中存放后，用于周边农田施肥
8	生活垃圾	一般固废	集中存放后，用于周边农田施肥
9	废活性炭	危险废物	委托有资质单位进行处置
10	废脱硫剂	危险废物	由厂商回收

习题

1. 分析生猪屠宰工艺过程和产污环节。

2. 肥肠血旺是一道有名的四川美食，请分析原材料生猪屠宰副产品加工工艺。

3. 对生猪屠宰厂的环保措施进行设计，如何实现绿色养殖？

4. 生猪屠宰的污染防治重点是什么？如何管控？

第五章 能源供应污染防治基础

第一节 矿热炉余热发电污染防治

利用 2×12500 kVA $+2 \times 16500$ kVA 矿热炉在生产过程中产生的废气余热进行发电，装机容量为 9 MW，年发电量为 6761.04×10^4 kW·h/a，余热电站发电机并网不上网，所发的电回用于现有生产线的生产。矿热炉余热发电系统主要包括余热发电机组（装机容量为 9 MW）、矿热炉余热锅炉、配套循环水泵房及机力式冷却塔、配套供配电系统及自动化、工艺管道系统等。

一、生产工艺过程

利用 2×12500 kVA $+2 \times 16500$ kVA 矿热炉配套余热发电系统，装机容量为 9 MW。余热发电工艺流程如图 5-1 所示。

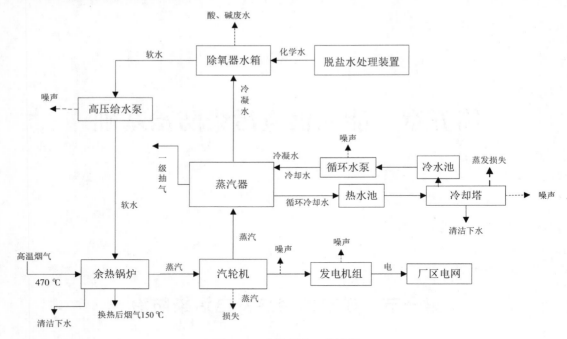

图 5-1　余热发电工艺流程

（一）余热发电烟风系统

余热发电方案是在每台矿热炉废气出口与旋风除尘器之间装一旁路余热锅炉，废气经余热锅炉吸热降温至 157℃ 左右，后由风机抽出排放。余热锅炉及除尘系统如图 5-2所示。

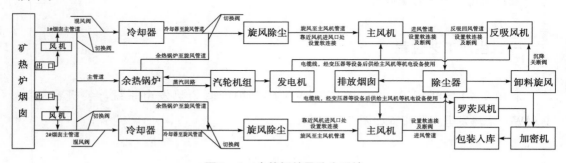

图 5-2　余热锅炉及除尘系统

（二）汽轮发电机组

余热锅炉过热器产生的过热蒸汽，经隔绝阀、主汽阀、调节阀进入汽轮机膨胀做功后，排至凝汽器。乏汽在凝汽器中凝结成水后，汇入热水井，然后由凝结水泵送往真空除氧器，再经给水泵打入余热锅炉循环使用。循环冷却水泵将水池中的冷却水打入凝汽器后，再排往冷却塔进行冷却，经过冷却的水最后回到水池循环利用。发电机冷却介质为空气，冷却方式为闭式循环通风冷却。

矿热炉余热发电系统的主要技术指标见表5—1，主要设备清单见表5—2。

表5—1　主要技术指标

序号	指标名称	单位	机组	
1	矿热炉容量	kVA	2×12500	2×16500
2	装机容量	kW	9000	
3	废气量（湿基）	Nm³/h	69000	92000
4	废气含尘量	g/Nm³	4~8，Max：20	
5	锅炉和风管的设计压力	Pa	−2000	
6	锅炉进口废气温度（平均值）	℃	470	
7	锅炉出口废气温度	℃	157	
8	过热蒸汽温度	℃	430	
9	过热蒸汽流量	t/h	9.28	12.39
10	过热蒸汽压力	MPa（a）	1.7	
11	汽轮机主蒸汽流量	t/h	43.4	
12	汽轮机主蒸汽温度	℃	420	
13	汽轮机主蒸汽压力	MPa（a）	1.60	
14	汽轮机排汽压力	MPa	0.007	
15	计算平均发电功率	kW	8668	
16	额定功率	kW	9000	
17	年发电量	×10⁴ kW·h/a	6761.04	
18	余热发电自用电率	%	≤8.0	
19	年供电量	×10⁴ kW·h/a	6220.16	

表5—2　主要设备清单

序号	名称	规格、型号
1	余热锅炉	蒸发量：9.28 t/h，烟气流量：69000 Nm³/h；蒸汽出口压力：1.70 MPa；蒸汽出口温度：430℃；入口烟气温度：470℃；出口烟气温度：157℃
2		蒸发量：12.39 t/h，烟气流量：92000 Nm³/h；蒸汽出口压力：1.70 MPa；蒸汽出口温度：430℃；入口烟气温度：470℃；出口烟气温度：157℃

续表5－2

序号	名称	规格、型号
3	汽轮机	单缸、冲动、纯凝式汽轮机组，额定输出功率：9000 kW，转速：3000 r/min；主蒸汽压力：1.60 MPa；设计主蒸汽温度：420℃；设计工况主蒸汽流量：43.4 t/h
4	发电机	型号：QF－9－2；额定功率：9000 kW；额定电压：10 kV；功率因素：0.8；发电机转速：3000 r/min
5	电动给水泵	型号：DG25－50＊7；$Q=25$ m³/h，扬程 $H=350$ mH₂O
6	真空除氧器	型号：ZCY50－H；出力：50 t/h；水箱容积：20 m³；进水压力：$P=0.3$ MPa（a）；进水温度：$t=40$℃；出水含氧量≤0.05 mg/L
7	凝结水泵	型号：4N6；流量：$Q=48\sim60\sim68$ m³/h；扬程：$H=59.5\sim57\sim54$ mH₂O

二、污染防治

（一）大气污染防治

矿热炉废气余热锅炉发电本身不会产生大气污染物，但矿热炉排放的废气含有烟粉尘、NO_2、SO_2、CO_2等污染物。

（二）水污染防治

废水主要是化水站设备运行排出的酸、碱性废水和设备冷却水。离子交换器的再生排水，产生的酸性废水、碱性废水全部排放至中和池，将 pH 值调节至 7 左右，再排放至原有生产线净循环水池。为了保证余热锅炉中的水质达标，锅炉会连续排放废水，属于清洁下水，排放至原有生产线净循环水池，不外排。

习题

1. 论述矿热炉余热发电工艺过程。
2. 分析余热锅炉及除尘系统的工作原理。
3. 汽轮发电机组的主要技术指标及其含义是什么？
4. 如何理解汽轮发电机组主要设备清单表中的技术参数？

第二节　天然气液化污染防治

储罐区建设一座容积为 30000 m³ 的液化天然气储罐，液化工艺区设置一套处理规模为 $2×10^6$ Nm³/d 的液化天然气生产装置，压缩工艺区设置一座处理规模为 $3×10^5$ Nm³/d 的 CNG 加气母站，汽化工艺区设置一套处理规模为 4800 m³（LNG）/d 的 LNG 汽化装置，辅助工艺区修建锅炉房、空压机房和循环水泵房等。生产规模为液化天然气（LNG）$4.15×10^5$ t/a、压缩天然气（CNG）$5×10^5$ Nm³/a、汽化调峰天然气 $7.5×10^7$ m³/a，其中主要产品为液化天然气（LNG）、压缩天然气（CNG）、汽化调峰天然气，副产品为重烃。

一、生产工艺过程

（一）循环水站

循环水量为 6000 m³/h，向各生产装置提供循环冷却水。站内建 3 座逆流式防腐木材框架冷却塔，单台最大冷却水量约为 3000 m³/h；冷水泵 4 台（3 用 1 备），单台流量为 2100 m³/h；1 座冷水池，利用冷却塔下的集水池，长 39.6 m，宽 19.4 m，深 2.2 m，总容积 1700 m³；压力式过滤器过滤水量为 300 m³/h；加药间内设阻垢剂加药机、缓蚀剂加药机、搅拌机、计量泵。

循环回水通过余压直接上冷却塔，经冷却后汇入冷水池，再由冷水泵提升至工艺用水工段。部分循环回水经过滤器过滤后进入冷水池循环使用。过滤水属于清洁下水，排入管网。如图 5—3 所示。

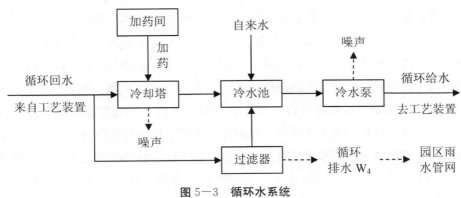

图 5—3　循环水系统

循环水补水引自厂区生产给水管网，补水量为 110 m³/h，冷却塔蒸发、风吹损失水量为 44 m³/h，循环水排水量为 66 m³/h，1584 m³/d。

（二）脱盐水站

设置处理能力为 1 m³/h 的除盐装置 1 套，脱盐水系统（如图 5—4 所示）的补水来自生产给水管网系统，补水量为 0.33 m³/h，排水量为 0.13 m³/h。脱盐水站排水属于清洁下水，排入管网。废吸附剂委托给具有资质的单位处理。脱盐水站产水水质：电导率为 0.7～1.5 μs/cm，pH 值为 6.5～8.5，水温≥4℃。

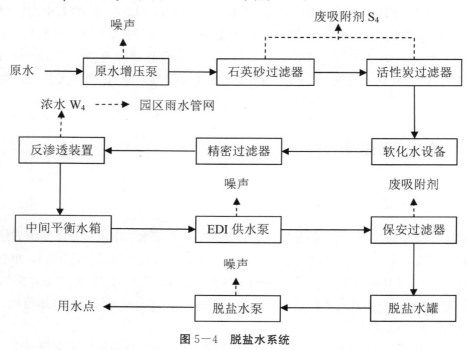

图 5—4　脱盐水系统

（三）氮气站及液氮气化站

氮气站主要向 LNG 生产装置及 LNG 储罐区提供 0.6 MPa 纯度为 99.9% 的氮气。氮气需用量为 140 Nm³/h。供氮方式选用成套的 PSA 变压吸附式装置。来自空压站的压缩空气经过冷干机除水，使出口气体压力露点达—11℃，随后除油、除尘，送到 PSA 变压吸附装置进行脱氧，最后产出纯度为 99.9% 的氮气，送入氮气罐，供给装置使用。

PSA 变压吸附制氮的原理是以空气为原材料，利用一种高效能、高选择的固体吸附剂（碳分子筛）对氮和氧的选择性、吸附性，把空气中的氮和氧分离出来。碳分子筛对氮和氧的分离作用主要是基于这两种气体在碳分子筛表面的扩散速率不同，较小直径的气体（氧气）扩散较快，较多进入分子筛固相，这样气相中就可以得到氮的富集成分。一段时间后，分子筛对氧的吸附达到平衡，根据碳分子筛在不同压力下对吸附气体吸附量不同的特性，降低压力使碳分子筛解除对氧的吸附，这一过程称为再生。变压吸附法通常使用两塔并联，交替进行加压吸附和解压再生，从而获得连续的氮气流。

设置液氮汽化装置一套，25 m³ 液氮储罐一座，汽化装置的汽化能力为 1000 Nm³/h。液氮汽化是将外购的液氮注入储罐，液氮经空温式汽化器和电加热水浴式汽化器汽化后进入氮气稳定罐备用。液氮汽化主要是在开停车阶段和制氮设备故障时保障氮气供应。

（四）锅炉房

采用热负荷为 3200 kW 的蒸汽锅炉为工艺生产提供热源，主要是为净化装置胺再生塔塔底再沸器和脱水再生的再生气提供热源。蒸汽锅炉燃料为蒸发气和不凝气，燃烧烟气经 15 m 排气筒直接排放。锅炉补水为软化水，由锅炉自带软水设备制备，补水引自生产给水管网，蒸汽冷凝后循环使用，循环水量约为 288 m³/h，锅炉排水（包括软水制备排水和锅炉定期排水）约占 3%，约 8.64 m³/h，207 m³/d，管道损失取 2%，约 5.76 m³/h，138 m³/d，则锅炉补水量为 14.4 m³/h，345 m³/d。

（五）空压站

空压站主要向 LNG 生产装置、CNG 母站、LNG 储罐区、公用工程系统提供 0.6 MPa 无油、无水、无尘的洁净的仪表空气，以及向 PSA 装置提供制氮用的压缩空气。

空压站内设置压缩机两台，一开一备，单台能力为 2800 Nm³/h，排气压力为 1.0 MPa；无热再生干燥器一套，能力为 3000 Nm³/h；并配有粗过滤器、精过滤器，以确保压缩空气无油、无尘。为了保证仪表用气和制氮用气的稳定，分别设置仪表用气贮罐 1 台和压缩空气贮罐 1 台。

常压空气经过滤器，被空气压缩机吸入并压缩至 1 MPa，随后经分离器分离，过滤，除水，干燥，除尘，最终进入储罐，提供无油、无水、无尘的洁净的仪表用气。

（六）LNG 生产工艺

根据原料天然气的组分分析，原料天然气中未检测出汞组分，考虑到原料天然气成分的波动，从保守角度设计脱汞工序，使气源组分发生波动时不会对液化系统造成影响，确保生产装置安全，做到有备无患。

液化天然气生产工艺流程如图 5-5 所示。

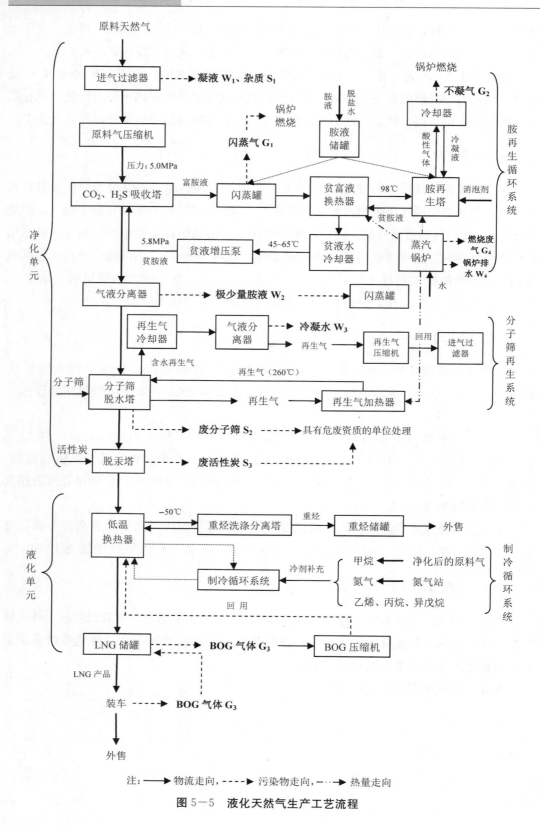

注：——→ 物流走向，-- -→ 污染物走向，·-·→ 热量走向

图 5—5 液化天然气生产工艺流程

1. 天然气净化工艺

天然气中含二氧化碳、硫化物、水分等杂质，这些杂质的存在会腐蚀设备及在低温下冻结而阻塞设备和管道，因此在天然气液化前，必须将原料气中的 H_2S、CO_2、H_2O、汞及重烃等脱除。

（1）原料气过滤与增压。

由于原料气来自管道气，压力一直都是在波动的，为了使原料气压力能够平稳，需要在原料气进入原料天然气压缩系统前进行调压，以稳定其进口压力。

原料天然气进入本装置后首先经过进气过滤分离器尽可能除去其中可能携带的游离液体和机械杂质，再经计量后利用原料气压缩机增压至 5.0 MPa 后进入净化系统。原料天然气进入装置设置有事故联锁切断阀，可在事故状态下切断进入装置的原料天然气源，保证装置、人员及附近设施的安全。

（2）脱 CO_2 和 H_2S。

为了防止天然气中 CO_2 在低温下形成干冰堵塞管道以及 H_2S 对设备和管道造成腐蚀，在天然气液化前 CO_2 和 H_2S 必须达到如下指标：$CO_2<50$ mg/kg，$H_2S<4$ mg/kg。

采用 MDEA 化学吸收法脱除 H_2S 和 CO_2，MDEA 即 N—甲基二乙醇胺，对 CO_2、H_2S 等酸性气体有很强的吸收能力，而且反应热小，解吸温度低，化学性质稳定，不降解，应用广泛。

经过滤调压后的原料气在温度为 43℃、压力为 5.0 MPa 的条件下进入 MDEA 吸收塔下部，自下而上通过吸收塔，胺溶液（约 49℃）由塔顶流下，与天然气充分接触，将其中的二氧化碳浓度降低到 50 mg/kg 以下，被吸收的 CO_2 进入液相。脱碳后的天然气（未被吸收的组分）离开吸收塔顶部时为含饱和水的净化气，经气液分离器去除携带的胺液成分后进入脱水工段，从分离器出来的凝液（胺液成分）通过液位控制器自动排至胺闪蒸罐。

胺溶液在脱除 CO_2 的同时与原料气中所含的 H_2S 发生反应，脱除原料气中的 H_2S 气体，原料气经净化后 H_2S 含量低于 4.0 mg/kg。在胺溶液的作用下，原料气经净化后能满足相关标准要求。

（3）脱水。

采用 4A 分子筛作为脱水吸附剂。

经脱酸气后的原料气温度为 40℃，压力为 5.0 MPa，首先通过气液分离器分离从上游工艺中携带来的极少量胺液液滴，脱除的液体回流至胺闪蒸罐。经过滤器后的原料气进入分子筛脱水塔脱水，塔内温度为 40℃～220℃，压力为 5.0 MPa，将原料气中的饱和水脱至 1 mg/kg 以下，达到液化工序的工艺要求。脱水工段设有两套分子筛吸附床，一套在线工作时另一套处于再生状态，周期性地进行切换使用。

（4）脱汞。

脱水后的原料气在温度为 25℃、压力为 5.0 MPa 的条件下进入脱汞单元，脱汞采用单塔流程，在吸附塔出口设置分析采样点，定期分析净化气中的汞含量。脱汞后的净化气去液化单元。

脱汞单元采用浸硫活性炭脱汞，浸硫活性炭表面形成了 C—S 键，对吸附汞有很大的作用，其对汞的吸附包括物理吸附和化学吸附两个过程，化学吸附过程为汞与硫发生化学反应生成硫化汞，并吸附在活性炭上，脱汞效率可以达到 62%～86%，将原料气中的汞含量脱至 0.01 $\mu g/m^3$。活性炭每三年更换一次，更换量为 3 t/a。

2. 天然气液化工艺

天然气液化采用单级混合制冷循环液化工艺。净化后的天然气进入低温换热器与混合冷剂换热，冷却到 −50℃ 左右时引出换热器，进入重烃洗涤分离塔，分离出液态重烃，重烃去重烃储罐存储，作为副产品外售。重烃洗涤分离塔顶部分离出的气态原料气（−71℃）继续返回低温换热器，冷却、液化后节流降压，最后以 −162℃ 的 LNG 形态进入 LNG 储罐。从 LNG 储罐闪蒸出的 BOG 气体通过 BOG 压缩机压缩后，重新进入液化单元，最终全部进入 LNG 产品，不外排。

（七）CNG 生产工艺

天然气经计量、脱水、过滤后，进入 CNG 压缩机增压至 25 MPa，然后去 CNG 加气柱向拖车充气。不设置 CNG 储存设施，采取即产即运的生产模式。脱水采用分子筛脱水塔，天然气吹脱再生，再生气取自过滤、压缩、加热后的高压天然气。再生气在脱水塔中将分子筛吸附的水分带出，含水分子的再生气经再生气冷却器、再生气分离器处理后，分离出的污水进入污水处理站，气体进入脱水塔回用，完成脱水塔再生。CNG 生产工艺流程如图 5−6 所示。

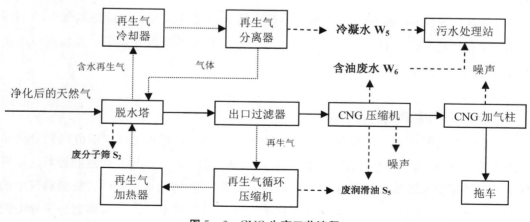

图 5−6　CNG 生产工艺流程

（八）汽化天然气生产工艺

配套汽化调压装置 6 套，空温式汽化器串联 3 套水浴式汽化器。LNG 储罐内的 LNG（0.8 MPa，−162℃）经过 LNG 泵，通过空温式汽化器将 LNG 汽化为气体，通过水浴式天然气加热器升到常温，汽化后的天然气经过增压机系统增压至 4.2 MPa 后，为天然气管网供气。为了稳定天然气的供气压力，天然气出口设调压计量撬 1 套。冬季用气量较大，需要对周边区域用气进行应急补充，每年需 LNG 汽化调峰的时间约 25 d。

汽化天然气生产工艺流程如图 5−7 所示。

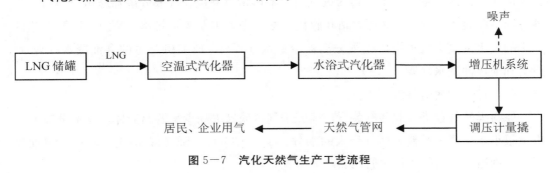

图 5−7 汽化天然气生产工艺流程

二、污染防治

在生产过程中会有少量废气、废水、固体废物产生，其主要污染因素见表 5−3。

表 5−3 主要污染因素

污染类别	污染因素
废水	液化工艺区产生的废水主要为进气过滤器凝液（W_1）、气液分离器胺液（W_2）、气液分离器冷凝水（W_3）、循环水站和脱盐水站清净下水及锅炉排水（W_4），压缩工艺区产生的废水主要为脱水塔再生气分离器冷凝水（W_5）、压缩机产生的含油废水（W_6）、设备和地坪冲洗水（W_7）
废气	胺闪蒸罐闪蒸气（G_1）、胺再生塔冷却器不凝气（G_2）、LNG 储罐和装车 BOG 蒸发气（G_3）、锅炉燃烧废气（G_4）、火炬燃烧废气（G_5）、站场异常超压及设备检修排放的天然气（G_6）、无组织排放的废气
固体废物	进气过滤器杂质（S_1）、脱水塔废分子筛（S_2）、废活性炭（S_3）、废润滑油（S_4）、隔油池废油渣（S_5）、预处理池污泥（S_6）、生活垃圾（S_7）
噪声	循环水站、空压站、制冷装置压缩机、泵和生产装置等处的噪声为 85～105 dB（A）

污染类别	污染因素
环境风险	生产储运过程中 LNG 储罐、冷剂储罐一旦发生泄漏事故，就可能造成环境污染。LNG 储罐已构成重大风险源，存在一定风险隐患

（一）水污染防治

1. 废水

液化工艺区产生的废水主要为进气过滤器凝液（W_1）、气液分离器胺液（W_2）、气液分离器冷凝水（W_3）、循环水站和脱盐水站清净下水及锅炉排水（W_4），压缩工艺区产生的废水主要为脱水塔再生气分离器冷凝水（W_5）、压缩机产生的含油废水（W_6）、设备和地坪冲洗水（W_7）。

（1）进气过滤器凝液（W_1）。

原料天然气在进入脱酸气装置前需经进气过滤器去除少量游离液体。这部分凝液产生量很小，主要为原料天然气带入的水分、少量 COD_{Cr}、SS 和石油类，经厂区隔油池＋预处理池处理后排入污水管网。

（2）气液分离器胺液（W_2）。

经脱酸气后的原料气中含有极少量胺液液滴，通过液位控制器自动排至胺闪蒸罐，回用于胺液再生循环系统，不外排。

（3）气液分离器冷凝水（W_3）。

液化工序分子筛脱水塔再生时，含水再生气经气液分离器分离后会产生冷凝水，主要成分为 COD_{Cr}、石油类，经厂区隔油池＋预处理池处理后排入污水管网。

（4）循环水站和脱盐水站清净下水及锅炉排水（W_4）。

循环水站循环排水（66 m^3/h，1584 m^3/d）和脱盐水站浓水部分属于清净下水，由雨水管道直接排入雨水管网。

蒸汽锅炉排水，因补水为软水，排水中的水垢、渣较少，可作为清净下水，由雨水管道直接排入雨水管网。

（5）脱水塔再生气分离器冷凝水（W_5）。

天然气压缩工序分子筛脱水塔再生时，含水再生气经再生气分离器分离后会产生冷凝水，主要成分为 COD_{Cr}、石油类。冷凝水进入污水处理站，经厂区隔油池＋预处理池处理后排入污水管网。

（6）压缩机产生的含油废水（W_6）。

压缩机产生的含油废水约 2 m^3/d，进入污水处理站，经厂区隔油池＋预处理池处理后排入污水管网。

（7）设备和地坪冲洗水（W_7）。

设备和地坪冲洗水主要含 SS、石油类，经厂区隔油池＋预处理池处理后排入污水管网。

2. 初期雨水

工艺装置区和储罐区的初期雨水可能含有少量轻质油，因此，在生产装置和罐区设置初期雨水切换阀。初期雨水收集后先暂存于事故应急池中，后分批排入污水管网，进入污水处理厂处理。后期雨水切换后直接排入雨水管网。

如果初期雨水量按 15 mm 的降水深度和 15 min 的降水时间考虑，则初期雨水量约为180 m^3，全厂建有约 980 m^3 的事故应急池，完全满足初期雨水储存的需要。

废水产生情况及处理措施见表 5—4。

表 5—4　废水产生情况及处理措施

序号	废水名称	来源	主要污染物	产生量及产生浓度	产生规律	去向
1	生产废水	气液分离器胺液	胺液	产生量：0.02 m^3/d R_3NH^+：40%～50%	连续	排至胺闪蒸罐回用于胺液再生循环系统，不外排
2		进气过滤器凝液	COD_{Cr}、SS、石油类	废水量：0.03 m^3/d COD_{Cr}：300 mg/L SS：100 mg/L 石油类：10～100 mg/L	连续	①污水厂建成后，送厂区隔油池＋预处理池，处理达到《污水综合排放标准》（GB 8978—1996）三级标准后，由污水管网送至污水处理厂处理；②污水厂建成前，废水自行处理，达到相应标准后，委托有处理能力的单位或污水厂进行处理，并确保达标排放
3		气液分离器冷凝水	COD_{Cr}、石油类	废水量：1.5 m^3/d COD_{Cr}：300 mg/L 石油类：10～100 mg/L	连续	
4		脱水塔再生气分离器冷凝水	COD_{Cr}、石油类	废水量：0.23 m^3/d COD_{Cr}：300 mg/L 石油类：10～100 mg/L	连续	
5		压缩机产生的含油废水	石油类	废水量：2 m^3/d 石油类：200～300 mg/L	间断	
6		设备和地坪冲洗水	SS、石油类	废水量：4.25 m^3/d SS：150 mg/L 石油类：100～200 mg/L	间断	
7	生活污水	生活污水	COD_{Cr}、BOD_5、SS、NH_3-N	废水量：8.57 m^3/d COD_{Cr}：500 mg/L BOD_5：300 mg/L SS：400 mg/L NH_3-N：40 mg/L	连续	

序号	废水名称	来源	主要污染物	产生量及产生浓度	产生规律	去向
8	清净下水	循环水站循环排水	—	排水量：1584 m³/d	连续	属于清洁下水，由雨水管道直接排入雨水管网
9		脱盐水站浓水	—	排水量：3.2 m³/d	连续	
10		锅炉排水	—	排水量：207 m³/d	连续	
11	初期雨水		SS、石油类	排水量：180 m³/次	间断	收集后先暂存于事故应急池中，后分批排入污水处理厂处理

废水处理工艺流程如图5—8所示。

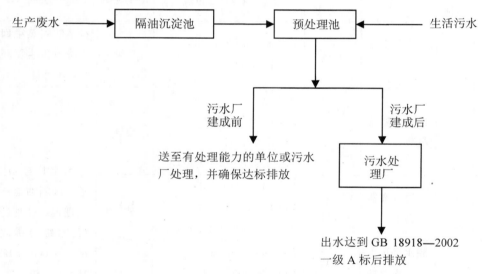

图5—8 废水处理工艺流程

（二）大气污染防治

废气主要为胺闪蒸罐闪蒸气（G_1）、胺再生塔冷却器不凝气（G_2）、LNG储罐和装车BOG蒸发气（G_3）、锅炉燃烧废气（G_4）、火炬燃烧废气（G_5）、站场异常超压及设备检修排放的天然气（G_6）及生产装置区、储罐区无组织排放的废气。

（1）胺闪蒸罐闪蒸气（G_1）。

吸收了酸性气体的富胺液进入胺闪蒸罐进行闪蒸，闪蒸气为含有少量烃类的废气（其中CH_4占92.5%以上，CO_2占3%，N_2占0.3%，H_2O占3%，其余为烃类物质），经统一收集后送至燃料系统作为锅炉燃料燃烧。

（2）胺再生塔冷却器不凝气（G_2）。

天然气脱酸气工序胺液再生单元中，再生塔顶部闪蒸出来的不凝气主要含 CO_2、H_2S 等酸性气体，经锅炉系统 15 m 排气筒排放，H_2S 含量很少，作为锅炉燃料燃烧。

（3）LNG 储罐和装车 BOG 蒸发气（G_3）。

低温 LNG（−162℃）在储存或输送装车时因受外界环境热量的入侵，部分 LNG 汽化产生 BOG 蒸发气，主要成分为甲烷，全部回入天然气液化单元，不外排。

（4）锅炉燃烧废气（G_4）。

蒸汽锅炉燃料气来源于生产工艺中的闪蒸气和不凝气，主要成分为甲烷，燃烧产物主要为 CO_2、SO_2、NO_x、烟尘，经 15 m 高排气筒直接达标排放。

（5）火炬燃烧废气（G_5）。

火炬系统收集设备泄压尾气、冷剂安全阀泄漏气体或非正常工况下废气等，导入放空管，进入火炬系统燃烧，火炬为地面防爆内燃式火炬，高度为 90 m。正常情况下只有长明灯燃烧，有可燃气体后自动点燃，点燃后外视也无明火。长明灯燃料为 BOG 回收气或原料天然气，主要成分为甲烷，燃烧废气直接经 90 m 烟囱排放。正常情况下基本没有工艺废气进入火炬燃烧。

火炬燃烧废气通过 90 m 高排气筒直接排放，可以达到《大气污染物排放标准》（GB 16297—1996）的二级排放标准要求（$SO_2 \leqslant 550$ mg/m³，130 kg/h；$NO_x \leqslant 240$ mg/m³，40 kg/h；烟尘 $\leqslant 120$ mg/m³，191 kg/h；$H \geqslant 90$ m，其中烟尘的排放速率限值为外推法计算结果）。

（6）站场异常超压及设备检修排放的天然气（G_6）。

根据工艺技术要求，在储罐、管线适当位置设置安全阀，当系统出现超压时，通过安全阀来保护设施，大量气体由管道送至火炬系统燃烧。站内设备、管道检修时排空的天然气被引至火炬燃烧，后经 90 m 高烟囱直接排放。

废气产生及治理情况见表 5−5。

表 5−5　废气产生及治理情况

废气名称	产生情况	治理措施	排放情况	排放方式
胺闪蒸罐闪蒸气	780 Nm³/h，主要为甲烷等烃类气体	进入燃料系统，作为锅炉燃料燃烧后经 15 m 高排气筒排放	废气量为 2725 m³/a，SO_2：0.36 kg/h，45 mg/m³；NO_x：0.37 kg/h，46.3 mg/m³，烟尘量极小	连续
胺再生塔冷却器不凝气	主要含 CO_2、H_2S 等酸性气体			连续

废气名称	产生情况		治理措施	排放情况	排放方式
LNG 储罐和装车 BOG 蒸发气	5500 Nm³/h,主要成分为甲烷		回入天然气深冷液化单元,最终进入 LNG 产品	不排放	连续
锅炉燃烧废气	1.09 × 10⁴ m³/h;SO₂:0.053 kg/h,5.3 mg/m³;NOₓ:0.50 kg/h,50 mg/m³;烟尘:0.19 kg/h,19 mg/m³		15 m 高排气筒排放	1.09 × 10⁴ m³/h;SO₂:0.053 kg/h,5.3 mg/m³;NOₓ:0.50 kg/h,50 mg/m³;烟尘:0.19 kg/h,19 mg/m³	连续
火炬燃烧废气	正常工况下（长明灯）	136 m³/h;SO₂:666 mg/h,0.033 mg/m³;NOₓ:6.3 g/h,0.32 mg/m³;烟尘:2.4 g/h,0.12 mg/m³	90 m 高排气筒排放	136 m³/h;SO₂:666 mg/h,0.033 mg/m³;NOₓ:6.3 g/h,0.32 mg/m³;烟尘:2.4 g/h,0.12 mg/m³	连续
	事故状态下	1.31×10⁶ m³/h;SO₂:6.38 kg/h,319 mg/m³;NOₓ:44 kg/h,220 mg/m³;烟尘:21.6 kg/h,108 mg/m³		1.31 × 10⁶ m³/h;SO₂:6.38 kg/h,319 mg/m³;NOₓ:44 kg/h,220 mg/m³;烟尘:21.6 kg/h,108 mg/m³	间断

废气名称	产生情况	治理措施	排放情况	排放方式
站场异常超压及设备检修排放的天然气	9.58 m^3/h，主要成分为甲烷	火炬燃烧	131 m^3/h，SO_2: 0.0087 kg/h，0.44 mg/m^3；NO_x: 0.082 kg/h，4.11 mg/m^3；烟尘:0.031 kg/h,1.57 mg/m^3	间断

（7）无组织排放的废气。

无组织排放的废气是指生产和贮存过程中存在的跑、冒、滴、漏等无组织排放的废气污染物，主要污染物为 TVOC。TVOC 的无组织排放情况见表 5-6。

表 5-6　TVOC 的无组织排放情况

名称	来源
TVOC	生产装置区
	LNG 储罐区、装车区蒸发气收集系统
	CNG 加气区

无组织排放的废气的防治措施如下：

①生产装置区注意检修相关工艺设备，加强维护，减少生产过程中的跑、冒、滴、漏现象。

②做好 LNG 储罐区蒸发气收集系统、各阀门和法兰的日常检修工作，尽量保证车间的阀门和法兰无损坏，密闭性好，减少逸散。

③以生产装置区、LNG 储罐区和装车区、CNG 加气区为边界设置 50 m 的卫生防护距离，卫生防护距离范围内无住户、学校以及食品、医药等生产企业环境敏感点，不涉及环保搬迁。

（三）固体废物污染防治

根据生产工艺，固体废物主要包括一般固废和危险废物。

1. 一般固废

产生的一般固废包括进气过滤器杂质（S_1）、脱水塔废分子筛（S_2）、预处理池污泥（S_6）、生活垃圾（S_7）。

（1）进气过滤器杂质（S_1）主要为原料气中含有的少量粉尘杂质等，定期清理，由市政环卫部门统一收集处理。

（2）天然气净化工序和压缩工序中的脱水塔需定期（每3年）更换一次分子筛，吸附了一定量水分且无法再生的硅铝酸盐晶体送供应商回收处理。

（3）污水处理设施污泥每半年清掏一次，由市政环卫部门清运处理。

2. 危险废物

产生的危险废物主要为废活性炭（S_3）、废润滑油（S_4）、隔油池废油渣（S_5），进行分类收集至危废暂存间（建筑面积为30 m^2，对地面做好防渗、防腐处理）暂存，最终交给具有危废处置资质的单位处理。

废活性炭（S_3）：主要来自脱汞单元不能再生的含硫化汞等杂质的活性炭，正常生产情况下不产生含汞废活性炭，当原料气气质发生波动含有汞组分时产生。每3年更换一次，属于《国家危险废物名录》中"天然气开采（072－002－29）"天然气除汞净化过程中产生的含汞废物，危险废物编号为HW29含汞废物。

废润滑油（S_4）、隔油池废油渣（S_5）：压缩机等设备会产生废润滑油，隔油池每半年清掏一次。这些危险废物编号为HW08废矿物油与含矿物油废物，交给具有危废处置资质的单位处理。

固体废物产生及处理措施见表5－7。

表5－7　固体废物产生及处理措施

序号	名称	分类	处理措施
1	进气过滤器杂质（S_1）	一般固废	市政环卫部门统一收集处理
2	脱水塔废分子筛（S_2）		送供应商回收处理
3	预处理池污泥（S_6）		市政环卫部门统一收集处理
4	生活垃圾（S_7）		
5	废活性炭（S_3）	危险废物	交给具有危废处置资质的单位处理
6	废润滑油（S_4）		
7	隔油池废油渣（S_5）		

危险废物的收集、暂存和转运应严格按要求进行，并需修建专用的危废暂存场所，防止雨水淋湿，地面必须防渗，防渗层宜采用土工膜（厚度不小于1.5 mm）＋抗渗混凝土（厚度不小于100 mm）结构，防渗结构层渗透系数≤10^{-10} cm/s。

（四）地下水污染防治

将厂区分为地下水重点防渗区、一般防渗区、简单防渗区三个防渗区域，其中重点防渗区为装置区、储罐区、围堰区、装卸区、危废暂存间、废水处理设施、消防水池、事故应急池、火炬等，一般防渗区为仓库、维修车间，其他区域为简单防渗区。分区防渗措施见表5－8。

表 5—8　分区防渗措施

防渗区域	防渗分区	防渗措施
装置区、储罐区、围堰区、废水处理设施、消防水池、事故应急池、危废暂存间、火炬	重点防渗区	复合防渗结构，土工膜（厚度不小于1.5 mm）＋抗渗混凝土（厚度不小于100 mm）结构，防渗结构层渗透系数≤10^{-10} cm/s
装卸区	重点防渗区	复合防渗结构，地面坡度不宜小于0.5％，不应出现平坡或排水不畅区域
仓库、维修车间	一般防渗区	刚性防渗结构，抗渗混凝土层（厚度≥100 mm），渗透系数≤10^{-7} cm/s
其他区域	简单防渗区	一般地面硬化

定期进行检漏监测和检修，强化各相关工程转弯、承插、对接等处的防渗，做好隐蔽工程记录，强化施工期防渗工程的环境监理。

习题

1. 分析循环水站和脱盐水站的运行工艺和产能情况。

2. 手绘液化天然气生产工艺流程图，并对生产过程中脱 CO_2 和 H_2S、脱水、脱汞的原理和应用进行分析。

3. 探讨分析 CNG 和 LNG 的生产过程及生产特征。

4. 简述天然气液化污染防治措施及效果。

第三节　钛精矿烘干污染防治

钛精矿烘干主要为 1 座转炉（Ø2.0 m×14 m）及配套设施，采用转炉（以天然气为原料）烘干系统对原料湿钛精矿进行烘干，厂区使用 1 台 35 t/h 燃气（天然气）锅炉制备蒸汽供应生产，污水处理站采用二级石灰中和曝气加二级压滤处理接纳废水。

一、生产工艺过程

（一）原料烘干工艺

湿钛中矿（含水率9%）经汽车运至原料堆场卸料堆放，用装载机将湿钛精矿转运至进料仓，经进料仓底部圆盘给料机放料，再经皮带运输机输送至转炉料仓。料仓内物料直接进入转炉。

烘干完成的物料含水率降至2%以下，进入出料端的收料箱，并经收料箱底部出料口，通过斗提机转移至矿仓，最后装车拉至矿库及矿磨车间堆存。

转炉由进料段、收料箱、筒体和传动装置等部分构成，其中进料段、收料箱为固定段，筒体为旋转段，各段间密封连接，并配套建设布袋除尘器等设施。进料端设有进料口和烟气出口，出料端设有出料口和燃烧器。

原料烘干流程如图5－9所示。

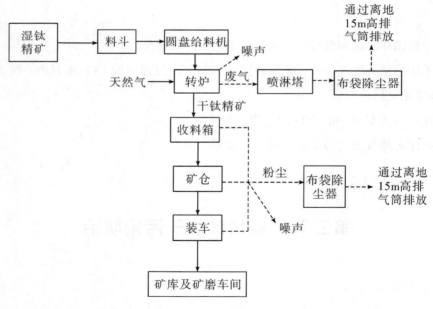

图5－9　原料烘干流程

（二）燃气锅炉工艺

锅炉用水由除盐水系统提供，锅炉蒸汽经汽水分离器分离后，由主汽阀控制，经钢管将蒸汽供至偏钛酸生产车间，经分汽缸分配至酸解、浓缩、水解、水洗、过滤洗涤、气流粉碎和废酸浓缩等工序。其中,水解工序采用蒸汽间接加热,其蒸汽冷凝水经冷凝水箱收集冷却后,返回锅炉使用;酸解和浓缩等其他工序直接消耗蒸汽。原料烘干工序物料平衡见表5-9。

表5-9 原料烘干工序物料平衡

投 入			产 出		
序号	名称	数量（t/a）	名称	数量（t/a）	去向
1			干钛精矿	83975.1	原料
2			水分蒸发	6352.5	大气
3	湿钛精矿（含水率9%）	90750.0	沉渣	202.0	大气
4			除尘灰	216.7	原料
5			排放粉尘	3.7	大气
合计	—	90750.0	合计	90750.0	—

燃气锅炉工艺流程如图5-10所示。

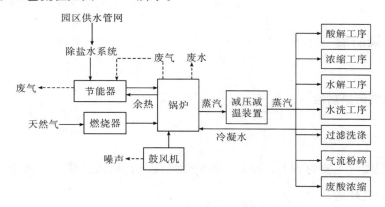

图5-10 燃气锅炉工艺流程

（三）废水处理工艺

酸性废水和20%的废酸分别收集于调节池中,均匀混合后进入中和曝气池,在一级中和曝气池中加入石灰石乳液,同时通入压缩空气曝气,调节废水pH约为4,然后在二级中和曝气池中加入石灰乳液,同时通入压缩空气曝气,调节废水pH约为7。泥水混合物进入污泥池,在搅拌机的作用下均匀混合后,进入厢式压滤机进行一级压滤。一级压滤后的水部分回收于回用水池,用于厂区道路控尘、运输车辆轮胎冲洗和石灰乳液的制备,其余部分收集于浮流池,接着进入厢式压滤机进行二级压滤,二级压滤后的水部分再回收用于厂区道路控尘、运输车辆轮胎冲洗和石灰乳液的制备,处理后的废水经在线检测达标后排放。废水处理工艺流程如图5-11所示。

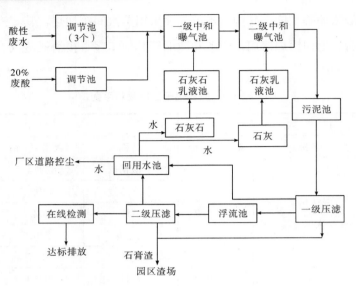

图 5—11 废水处理工艺流程

二、污染防治

（一）大气污染防治

1. 锅炉燃烧废气

锅炉燃烧废气主要为 SO_2、NO_x。锅炉燃烧废气直接通过排气口离地 12 m 高的排气筒排放至大气环境。

2. 转炉烟气

转炉以天然气为燃料，产生的热烟气在转炉内与物料逆向接触，进行钛精矿的干燥，主要为烟（粉）尘、SO_2、NO_x。转炉烟气经喷淋塔（1 套，除尘效率为 85％）＋布袋除尘器（1 套，除尘效率为 99.5％）收集处理后，通过离地 15 m 高的排气筒排放。

3. 转炉出料及干钛精矿中转过程粉尘

钛精矿烘干后，从落料口通过皮带运输机转移至矿仓短暂停留后，再通过运载车运输至矿房堆存。转炉出料及干钛精矿中转过程粉尘治理如图 5—12 所示。

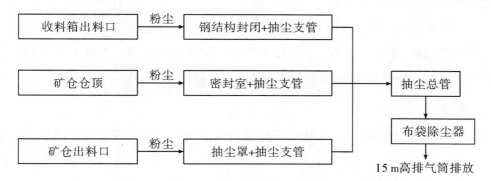

图 5—12　转炉出料及干钛精矿中转过程粉尘治理

（1）有组织粉尘。

捕集的粉尘分别通过抽尘支管汇入一根抽尘总管（Ø0.22 m，钢结构）内，再送入 1 台布袋除尘器处理后，通过排气口离地 15 m 高的排气筒排放。

（2）无组织粉尘。

生产工序无组织粉尘包括未捕集的粉尘、矿仓底皮带卸料至汽车转运过程中产生的粉尘。

4.道路扬尘

为了控制运输道路的扬尘，需对已有水泥硬化道路进行洒水，加强路面维护，指派专人定期清扫。

（二）水污染防治

1.锅炉排污水

锅炉污水属于清净下水，直接返回除盐水站原水池用于制备除盐水。

2.喷淋废水

喷淋废水产生后，经喷淋沉淀池收集、沉淀，循环利用，无废水外排。

3.接纳废水

污水处理站接纳废水经处理后，部分回用于生产。

（三）固体废物污染防治

1.除尘灰

原料钛精矿烘干及转运过程中布袋除尘器收尘清灰，经人工用覆膜编织袋收集后，由载重车拉运至矿库和矿磨车间，用于原料破碎工序。

2. 喷淋沉淀池污泥

转炉尾气的主要成分为 SO_2、NO_x 和 TiO_2，经喷淋塔喷淋后大部分 TiO_2 颗粒转移至喷淋沉淀池，经定期打捞晾晒后，作为原料返回转炉进行烘干。

3. 滤饼

污水处理站废水经过厢式压滤机压滤后产生滤饼，主要为石膏渣，统一送渣场堆存。

习题

1. 分析原料烘干和燃气锅炉工艺的特征。
2. 根据废水处理工艺流程图，编写工艺流程说明。
3. 分析环境污染防治措施，重点对大气污染防治进行探讨。

第四节　填埋场气体发电污染防治

生活垃圾填埋场气体发电站共安装 5 台 500 kW 的燃气发电机组，配套建设填埋气收集主管、预处理净化系统 2 套、发电设备风冷系统 5 套、10 kV 变配电系统 1 套和安全监控系统，发电量经升压后并网销售。填埋场所填埋的垃圾以有机质生活垃圾为主，发电站以生活垃圾卫生填埋场产生的填埋气作为燃料发电。填埋气收集方式为竖井收集。

一、填埋气来源

填埋气是垃圾降解的主要产物之一，在被填埋压实的垃圾中，厨房垃圾、废纸及其他有机残余物由于微生物的强烈作用而腐烂分解产生填埋气体，主要成分是甲烷。填埋气的产生分为初始调整阶段、过程转移阶段、酸化阶段、产甲烷阶段和稳定阶段。生活垃圾填埋场产气阶段及产气曲线如图 5—13 所示。

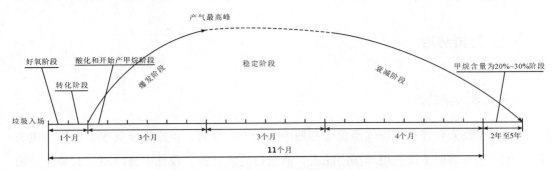

图 5-13　生活垃圾填埋场产气阶段及产气曲线

主要有竖井、横井、竖井与横井结合三种气体收集方式，其基本作业方式如下：

竖井：垃圾在填埋场区内分区填埋，达到 10~15 m 深时，对垃圾上表面覆土或覆膜后，利用钻机在垃圾堆上打井，并将收集管打下去，再用支管将成组气井联结起来，汇集到集气总管上。

横井：在大垃圾场分区填埋时，或在小垃圾场不分区填埋之前，将气管有规律地平放在垃圾填埋区内，预留进出垃圾车道路，用新垃圾将收集气管埋在垃圾下层，分层设置支管并汇集到集气总管中。

二、生产工艺过程

利用生活垃圾产生的沼气（主要成分是甲烷）与一定比例的空气压入多个气缸内，燃烧后产生的热力推动带有曲柄连杆机构的火花塞往复转动，多个曲柄连杆机构将机械动能传递给发动机，使发动机按照设定的转速将动能传递给同轴上的发电机转子，转子转动切割定子间产生的磁力线，从而输出稳定的电能。填埋气发电工艺流程如图 5-14 所示。

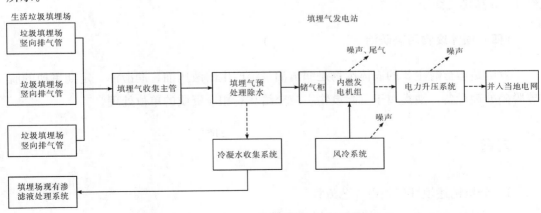

图 5-14　填埋气发电工艺流程

三、污染防治

（一）水污染防治

填埋气收集总管和填埋气净化冷却器中会产生冷凝液，该冷凝液属于一般性浓度有机污水，水质类似于垃圾填埋场渗滤液，需进行妥善处置。设计中将冷凝液收集于冷凝液贮槽中，定期送至垃圾填埋场渗滤液处理系统，采用"中温厌氧＋膜生物反应＋反渗透"处理工艺，能够有效地处理废水。

（二）地下水污染防治

发电厂采用竖井法对填埋场内的填埋气进行收集。在实际建设过程中，为了避免因现阶段集气竖井位置或产气量不足而导致需新增填埋气导气竖井产生由填埋气竖井建设引发的环境问题，具体措施如下：

（1）如果确需新建填埋气集气竖井，必须在竖井建设前配合协同垃圾填埋场管理处对垃圾填埋场场底标高、填埋高度等基础资料进行调查，根据其结果确定填埋气竖井钻深，避免对垃圾填埋场底部防渗层造成破坏。

（2）竖井建设过程中产生的钻渣等施工废料必须统一收集，集中后运送至垃圾填埋场填埋区进行填埋处理，不得随意抛弃。

（三）大气污染防治

发电站大气污染物主要来源于垃圾填埋场填埋气经内燃机燃烧后排出的烟尘和极少量 SO_2、NO_x。填埋气发电机组燃烧排放的烟气、填埋气经环脱硫、脱硝装置处理后，经 15 m 高排气筒统一排放。

（四）固体废物污染防治

发电站运行时主要的固体废物是润滑油系统产生的液压油、润滑油、定期更换的脱硫脱硝处理设备，油类属于危险废物，应交给具有相应资质的单位处理。

习题

1. 分析论述填埋气发电工艺流程。
2. 绘制生活垃圾产生填埋气体过程和周期示意图，并做说明。